René Chassein
Werner Hitschler
Marc Mundschau

Agil sein
Agil handeln
Change umsetzen

René Chassein
Werner Hitschler
Marc Mundschau

Agil sein
Agil handeln
Change umsetzen

Transformation am Beispiel der Pfalzwerke Gruppe

HANSER

Die Autoren:
René Chassein, Ludwigshafen
Werner Hitschler, Ludwigshafen
Marc Mundschau, Ludwigshafen

Bibliografische Information der Deutschen Nationalbibliothek:

Die Deutsche Nationalbibliothek verzeichnet diese Publikation in der Deutschen Nationalbibliografie; detaillierte bibliografische Daten sind im Internet über <http://dnb.ddb.de> abrufbar.

Print-ISBN 978-3-446-45939-7
E-Book-ISBN 978-3-446-46332-5
ePub-ISBN 978-3-446-46329-5

www.hanser-fachbuch.de
Lektorat: Lisa Hoffmann-Bäuml, Damaris Kriegs
Herstellung: Carolin Benedix, Cornelia Speckmaier
Satz: Kösel Media GmbH, Krugzell
Copyright Titelillustration: Pfalzwerke AG
Coverrealisation: Max Kostopoulos
Druck und Bindung: Hubert & Co. GmbH und Co. KG BuchPartner, Göttingen
Printed in Germany

MIX
Papier aus verantwortungsvollen Quellen
FSC® C016439

Inhalt

Vorwort – unser Anliegen

Wir leben in einer sich stark und schnell verändernden Welt. Megatrends wie Globalisierung und Digitalisierung haben einen großen Wirkungsbereich und sorgen für eine gewaltige Beschleunigung. Diese Veränderungen betreffen alle Ebenen und alle Bereiche unserer Gesellschaft. Wir können uns heute schneller und besser informieren als je zuvor, wir können schneller und besser Kontakte aufbauen und pflegen. Es gibt mehr und andere Formen der Mobilität als noch vor einem Jahrzehnt. Wir stehen verwirrend vielen Einflüssen und damit dramatischen Veränderungen in unserer Arbeitswelt gegenüber: Digitalisierung, New Work, Umweltbewusstsein – all das verlangt nach neuen Formen der Zusammenarbeit, lebenslangem Lernen und noch viel mehr. Jeder Mensch ist von diesen Veränderungen betroffen.

Auch unsere Branche, die Energiewirtschaft, verändert sich radikal: Die regulatorischen Anforderungen sind strenger geworden, ein starker Ausbau der erneuerbaren Energien. Liberalisierung, Regulierung, Energiewende und Digitalisierung folgten schnell aufeinander – eine politisch motivierte Reparaturkaskade ohne erkennbare energiepolitische Strategie. Die Liberalisierung der Energiemärkte begünstigt den Einstieg weiterer Akteure, es gibt eine zunehmend größere Zahl von Marken, Kunden stellen höhere Erwartungen an Angebot und Service. Diese veränderten Bedingungen bedeuten eine Herausforderung für alle Energieversorger. Es geht um neue Denkansätze, andere Wertschöpfungsketten, eine erneuerte Unternehmenskultur, kurz: Wir brauchen einen Transformationsprozess – auch für unser Unternehmen.

So weit, so gut, und nichts davon ist wirklich neu. Auch viele Denk- und Handlungsansätze sind bekannt: agiles Management, digital denken und handeln, selbststeuernde Teams und dergleichen mehr. Literatur und Beratung dazu gibt es in Hülle und Fülle. In all diesen Werken und Konzepten werden theoretisch gut durchdachte Denkgebäude errichtet, und Berater berichten in ihren Büchern von atemberaubenden Erfolgen beim konsequenten Umbau der Unternehmen oder sogar ganzer Konzerne. Zu jedem Denkansatz gibt es mindestens ein erfolgreiches Fallbeispiel.

In Wirklichkeit ist die Veränderung eines Unternehmens in der rückblickenden Betrachtung vergleichbar dem neiderregenden restaurierten Oldtimer, den der stolze Besitzer hochzufrieden vom Hof der Werkstatt fährt. Nie war er großartiger als heute. Doch zuvor mussten mühsam Originalersatzteile zusammengesucht, durch Rost fest miteinander verbundene Teile des Motors mühsam voneinander gelöst werden, und das restaurierte Wunderwerk musste dann auch noch für den Straßenverkehr zugelassen werden. All das ist nicht sichtbar, wenn wir nur auf das erfolgreiche Ergebnis der manchmal jahrelangen Arbeit schauen.

Ähnlich mühsam ist der Umbau eines Unternehmens in diesen Zeiten des Wandels. Wir wollen Ihnen mit unserem Buch einen Blick in die Werkstatt der Veränderung geben: Was geht und was ist doch mühsamer als gedacht, wo müssen wir anders handeln als geplant, welche Erfolge erzielen wir und wo dauert es länger und erfordert mehr Anstrengungen als erhofft? Wir wünschen uns, dass die Leser aus unserem Werkstattbericht für ihre Arbeit an der Veränderung lernen können. Wir sind entschlossen, uns auch weiter aktiv zu verändern und dadurch die Zukunft für unsere Mitarbeiter, das Unternehmen und die Eigentümer zu sichern.

Ein paar Worte zur Pfalzwerke Gruppe im Jahr 2018: Wir sind ein Energieversorger mit rund 1,3 Milliarden Euro Umsatz und etwa 1200 Mitarbeitern. Wir versorgen netzseitig die Region Pfalz und Saarpfalz, rund 6000 Quadratkilometer, vertriebsseitig in ganz Deutschland etwa 500000 Privatkunden, 60 Stadt- und Gemeindewerke, sowie zahlreiche Geschäfts- und Industriekunden in Deutschland. Wir sind der führende Strom-, Gas- und Wärmeversorger in der Region. Mit 40 Tochtergesellschaften und Beteiligungen machen wir unseren Kunden beispielsweise Angebote für zertifizierten Ökostrom oder Wärmekonzepte für Wohnungswirtschaft und Bauträger. Wir verfügen über eigene Anlagen zur Erzeugung von Strom aus Windkraft oder Fotovoltaik. Wir betreiben die Energieinfrastruktur in der Region und gestalten die intelligente Ladeinfrastruktur für die Elektromobilität ebenso, wie wir sichere IT- und Kommunikationslösungen im B2B-Bereich sowie Smart-Living-Lösungen für unsere Kunden anbieten. Im europäischen Ausland und in den USA haben wir uns mit der Pfalzsolar GmbH erfolgreich im Bereich Fotovoltaik aufgestellt.

Über Rückmeldungen zum Text oder Einladungen zum Dialog freuen wir uns. Wir wünschen Ihnen viel Vergnügen bei der Lektüre!

1 Nichts bleibt gleich – konstant ist die Veränderung

- Unsere Welt verändert sich schneller und stärker als je zuvor
- Unternehmen und Menschen müssen Schritt halten
- Veränderungen sind komplex und dynamisch ...
  ... und darum nicht planbar
- Flexibles Handeln und schnelles Lernen machen Veränderung möglich
- Auch Menschen verändern sich ungern ...
  ... darum braucht erfolgreiche Veränderung Zustimmung

1.1 Veränderungen sind überall

- Märkte verändern sich zunehmend schnell
- Veränderungen sind exponentiell
- Veränderungen sind nicht planbar

Die Strommärkte in der Europäischen Union wurden seit den 1990er-Jahren zunehmend liberalisiert. Ziel war, den Wettbewerb zu stärken. Die Marktliberalisierung hat Gebietsmonopole aufgehoben und den Eintritt anderer Akteure in den Markt begünstigt. Zusätzlich wurde das Netzgeschäft der Regulierung durch die Bundesnetzagentur, beziehungsweise entsprechende Länderbehörden, unterworfen. Die regulatorischen Anforderungen im Netzbereich, Umweltauflagen oder Sicherheitsrichtlinien sind deutlich strenger geworden. Dem zunehmend stärker ökologisch geprägten Bewusstsein wird insbesondere seit dem Ausrufen der Energiewende durch starken Ausbau der erneuerbaren Energien Rechnung getragen. Das Handeln der Politik beim Setzen von Rahmenbedingungen führte selten entlang einer erkennbaren Strategie, sondern erweckte oft den Anschein einer Kaskade von Reparaturmaßnahmen.

Unsere Branche erlebt eine Zunahme der Anbieter und Marken, der Wettbewerb intensiviert sich. Tausende privater Energieerzeuger mit ihrer heimischen Fotovoltaikanlage, zahlreiche privatwirtschaftliche Wind- und Solarparkbetreiber sowie Bürgerenergiegenossenschaften zählen zwischenzeitlich zu unseren neuen Wettbewerbern. Zudem spielen immer mehr Start-ups eine Rolle. Viele Industriezweige decken ihren Strombedarf zunehmend durch Eigenproduktion. Durch mehr und mehr energieeffiziente Technik in Industrie und Privathaushalten sowie steigende Belastung der Energiepreise mit staatlichen Umlagen gibt es starken Druck im Preiswettbewerb.

Gleichzeitig nehmen die Erwartungen der Kunden zu. Bei Unzufriedenheit oder wenn sie einen (vermeintlichen) Preisvorteil erkennen, sind sie schnell zu einem Wechsel des Anbieters bereit. Energiewirtschaft und Berater sind sich einig, dass die Zukunft bei Dienstleistungen und besonders in ganzheitlichen Lösungspaketen liegt. Die Herausforderungen an Unternehmen werden entlang der gesamten energiewirtschaftlichen Wertschöpfungskette deutlich: Die oligopolistische konventionelle Stromerzeugung in Großanlagen ist flächendeckend durch dezentrale Erneuerbare-Energie-Anlagen überlagert, die zudem einen gesetzlichen Einspeisevorrang genießen. Die infrastrukturelle Verteilung von Energie ist zur Kontrolle der natürlichen Netzmonopole einer restriktiven staatlichen Regulierung unterworfen, deren Anreize zur Kostensenkung und Investition unternehmerisch ein enges Korsett bedeuten. Schließlich sind im klassischen Stromvertrieb durch die Marktliberalisierung neben den Energiewirtschaftsunternehmen neue Marktrollen definiert und weitere Akteure in den Markt eingetreten. Online-Produkte wurden zum Standard, und Vergleichsportale verfügen zwischenzeitlich über eine bedrohliche Marktmacht.

Der digitale Wandel erlaubt es, Energieerzeuger, Netzbetreiber, Speicheranbieter und Verbraucher kommunikationstechnisch in Echtzeit miteinander zu vernetzen. Diese Vernetzung ist ein elementarer Baustein für die zielgerichtete Integration der erneuerbaren Energien in bestehende Stromnetze. Die zunehmende Menge an Daten über Kunden und ihr Nutzerverhalten erlaubt neue zielgerichtete Zugänge zu Kunden, ruft allerdings gleichzeitig neue Wettbewerber auf den Plan. Im Markt entwickeln sich neue Geschäftsfelder mit disruptivem Charakter.

Digitalisierung, Liberalisierung, Regulierung, anspruchsvollere Kunden – all das sind mehr als Schlagwörter. Wir stehen vor grundlegenden Veränderungen.

„πάντα ρεῖ“[1], „The times they are a-changin'“[2], „In denselben Strom vermag man nicht zweimal zu steigen“ – eine Fülle von Aphorismen, Zitaten oder auch Liedtexten beschreibt seit Jahrhunderten die Konstanz der Veränderung. Also eigentlich

[1] „Panta rhei“ („Alles fließt, nichts steht still“) – wird Heraklit zugeschrieben.

[2] „The times they are a-changin'“ ist der Titel des dritten Studioalbums von Bob Dylan und der erste Titel auf der Platte https://de.wikipedia.org/wiki/The_Times_They_Are_a-Changin', abgerufen am 2.9.19

nichts Neues. Zugenommen haben allerdings das Tempo und die Komplexität. Die Digitalisierung treibt durch ihre Technologie und ihre Geschwindigkeit die Möglichkeiten der Vernetzung in neue Dimensionen. Fredmund Malik[3] spricht in diesem Zusammenhang von der „Vernetzung von allem mit allem – in globalem Maßstab“, verbunden mit einem massiven Bedeutungsverlust für die „historischen Koordinaten Zeit und Raum“.

Unsere Welt ist von exponentiellen Veränderungen geprägt: 1998 erreichten Google ungefähr vier Millionen Suchanfragen, im Jahr 2000 waren es bereits 9,24 Milliarden und 2016 dann 3293 Milliarden.[4] Im Jahr 2000 wurden 9,5 TWh Strom aus Windstrom ins Netz eingespeist, im Jahr 2010 waren es bereits 38,9 TWh und 2018 113,3 TWh – nur in Deutschland![5]

Wir bemühen uns, diese Zukunft vorherzusagen und sie dann zu planen. Für das ganze Land, für unser Unternehmen und jeder für sich persönlich. Wir wollen wissen, was uns erwartet. Die Zukunft zu kennen verspricht, sie steuern und beherrschen zu können. Doch es kommt im wahren Leben immer wieder zu Entwicklungen, die wir so nicht vorhergesehen haben – und meist auch nicht einmal vorhersehen konnten. Der abrupte Ausstieg aus der Kernenergie nach der Reaktorkatastrophe in Fukushima im März 2011 war nicht vorhersehbar, hatte aber gravierende Auswirkungen auf die Energieerzeugung in Deutschland.

All diese Ereignisse zeigen uns immer wieder, dass Zukunft nicht genau geplant, geschweige denn beherrscht werden kann. Nassim Nicholas Taleb, Professor für Risikoforschung in New York, beschreibt in seinem Buch *Der Schwarze Schwan* unsere Versuche, Zukunft mit zunehmend komplexen Analyse- und Prognosetechniken beherrschbar zu machen.[6] Wir klammern dabei aus, dass es zu unerwarteten Ereignissen – solchen Schwarzen Schwänen eben – kommen kann.[7] Die meisten Ereignisse, die zu großen Umwälzungen führen, kommen überraschend und können nicht vorhergesagt werden.

---

3) Malik, F.: Letter Nr. 16/2017, S. 4

4) *https://de.statista.com/statistik/daten/studie/71769/umfrage/anzahl-der-google-suchanfragen-pro-jahr/*, abgerufen am 24.05.2019

5) *https://www.wind-energie.de/themen/zahlen-und-fakten/deutschland/*, abgerufen am 24.05.2019

6) Taleb, N. N.: *Der Schwarze Schwan*. München 2008

7) „Bevor Australien entdeckt wurde, waren die Menschen in der Alten Welt überzeugt, alle Schwäne seien weiß ... Eine einzige Beobachtung kann eine allgemeine Feststellung, die aus Jahrtausenden von bestätigenden Sichtungen von Millionen weißer Schwäne abgeleitet wurde, ungültig machen“ (Taleb 2008, S. 1).

1.2 Veränderungen sind komplex – und darum kaum zu steuern

- Menschen orientieren sich bevorzugt an bekannten Lösungen
- Menschen denken bevorzugt linear
- Menschen unterschätzen die Komplexität von Systemen

Dazu tragen auch menschliche Besonderheiten in der Wahrnehmung und in der Interpretation unserer Umwelt bei. Menschen haben die Tendenz, von der Vergangenheit auf die Zukunft zu schließen. Darum neigen wir auch dazu, bekannte und vielleicht bewährte Lösungen auf neue Probleme anzuwenden. Wir erwarten eine Wiederholung der Ereignisse und damit Regelhaftigkeit. Ein weiterer Denkfehler liegt darin, Entwicklungen linear fortzuschreiben. Lineares Denken führt in komplexen Situationen nur zu scheinbaren Lösungen. Jede Intervention in ein System löst Reaktionen aus, die wir dann gerne als Beweis für die Wirksamkeit unseres Handelns interpretieren. Erst nach einiger Zeit zeigen sich Nebenwirkungen und Rückwirkungen, die sich zum Teil gegenseitig verstärken. Der Prozess gerät dann außer Kontrolle.

In ihren Versuchen seit den 1970er-Jahren konnten Dietrich Dörner und Franz Reither nachweisen, dass Menschen im Umgang mit Komplexität und Dynamik nicht besonders geschickt sind.[8] Bei der Steuerung recht einfacher Simulationen (zum Beispiel Lohhausen, eine fiktive Kleinstadt, die von den Probanden als Bürgermeister regiert werden sollte) mit einer begrenzten Zahl an Variablen gelang es den meisten Teilnehmern eher nicht, die Situation stabil zu halten oder sogar zu verbessern. Teilnehmer konzentrierten sich auf einzelne Bereiche, übersahen dabei Wechselwirkungen und konnten die Verzögerung zwischen Aktion und Reaktion schlecht abschätzen. An dieser Stelle neigen Menschen generell zur Übersteuerung. Reichert und Dörner[9] haben ein einfaches Experiment speziell zu diesem Thema durchgeführt: Es ging nur darum, die Temperatur eines Lagers auf eine bestimmte Größe einzuregeln. Zu beachten waren dabei die Außentemperatur und ein Verzögerungsfaktor. Nur jeder fünfte Teilnehmer an dem Versuch war erfolgreich. Das Hauptproblem für alle war die zeitliche Verzögerung zwischen dem Eingriff und dem Ergebnis der Manipulation. Unsere Wirklichkeit ist komplex. Es gibt eine Vielzahl miteinander vernetzter Anforderungen, Veränderungen sind dynamisch, es gibt unvorhersehbare Einflussfaktoren. Menschen können diese Komplexität nur schwer überblicken, geschweige denn steuern.

---

[8] Dörner, D. et al.: *Lohhausen. Vom Umgang mit Unbestimmtheit und Komplexität.* München 1994

[9] Reichert, U.; Dörner, D.: *Heurismen beim Umgang mit einem „einfachen" dynamischen System.* Bamberg 1988, S. 12 - 24

„Projekte sind vollständig planbar." – „Wenn die Mannschaft verliert, müssen wir eben den Trainer austauschen." Erfolgreich(er) werden wir sein, wenn wir uns von bekannten „Glaubenssätzen" verabschieden. Aus dem guten Gefühl heraus, zukünftige Entwicklungen planen und steuern zu können, entwickeln sich Gewohnheiten. Gut verankerte Gewohnheiten machen Veränderungen schwer oder unmöglich. Beispielsweise wiegten sich die deutschen Autobauer lange in Sicherheit: „Vor allem Mercedes und der VW-Konzern hatten weder den Elektroantrieb noch die Erfolge des Branchenpioniers Tesla ernst genommen. Erst mit der Dieselkrise und dem Start des ‚Model 3' von Tesla hat man in Stuttgart und Wolfsburg ‚den Schalter umgelegt'", urteilt das *Handelsblatt*.[10] Für die Dynamik von Unternehmen ist es wichtig, dass sie sich regelmäßig selbst aufrütteln. Im Lauf der Zeit entstehen fest eingefahrene Wege und Denkmuster. Nur Veränderungen bringen alle dazu, Neues wahrzunehmen, Neues auszuprobieren und Neues zu tun. Sie lockern Gewohnheiten und Besitzstände, fördern Flexibilität und Innovation.

Westliche Unternehmen sind in Schwellenländern wie dem indischen Markt wenig erfolgreich. Ihre Strategie besteht meist darin, hochwertige Produkte mit hohen Margen abzusetzen. In Ländern wie Indien leben schließlich viele Menschen, die Wirtschaft entwickelt sich dynamisch. Viele Menschen dort sind allerdings nicht ausreichend kaufkräftig. Nur wenige können die hohen Preise für westliche Produkte bezahlen. Indische Unternehmen haben in atemberaubendem Tempo Produkte und Dienstleistungen für ihren Markt entwickelt. Ein Beispiel ist das Rettungswesen: In den USA kostet eine Fahrt im Rettungswagen (im Jahr 2010) 800 US-Dollar – in Indien bietet die Organisation Emergency Management & Research Institute die Leistung für 15 US-Dollar an. Mit 11 000 Mitarbeitern versorgt das Unternehmen etwa 350 Millionen Menschen, also jeden dritten Inder.[11]

Kunden in Schwellenmärkten verlangen nach frugalen Produkten und Dienstleistungen – günstig, robust, sparsam, einfach zu bedienen – und so leistungsfähig wie die Vorbilder in den Industrieländern. Auch westliche Unternehmen sind durchaus zu solchen Entwicklungen imstande: REHAU beispielsweise hat eine kostengünstige Lösung gestaltet, wie Familien auf dem Land in Kenia warmes Essen zubereiten können. Die von der Firma entwickelte Mikrobiogasanlage produziert eine beständige Gasflamme, auf der gekocht werden kann. Benötigt werden dafür 25 Liter Wasser am Tag und eine entsprechende Menge Kuhdung. Mikroorganismen vergären diese Masse zu Biogas. Das dabei entstehende Material kann wieder als organischer Dünger genutzt werden.[12]

---

[10] Fasse, M.; Hublik, F.; Menzel, S.: „Die Jagd der deutschen Autobauer auf Tesla ist mühsam", *https://www.handelsblatt.com/unternehmen/industrie/elektroautos-die-jagd-der-deutschen-autobauer-auf-tesla-ist-muehsam/23849588.html*, abgerufen am 25.05.2019

[11] Prahalad, C. K.; Mashelkar, R. A.: „Erfinderische Inder". In: *Harvard Business Manager Spezial* 10/2010

[12] Gassmann, O. et al.: *Frugal: Einfach eine intelligente Lösung*. München 2017 (Roland Berger Focus)

Dass Low-Cost-Anbieter auch für High-End-Produzenten eine echte Gefahr darstellen, sehen wir daran, wie Samsung und Co. die letzten hochpreisigen Fernsehhersteller in Europa wie Bang & Olufsen oder Loewe nahezu vollständig vom Markt verdrängt haben. Das klassische Innovator's Dilemma: Der Druck durch kostengünstige Wettbewerber treibt die etablierten Akteure zu immer kostspieligeren Entwicklungen, die sie am Ende mangels Erträgen nicht mehr finanzieren können.[13]

Menschen suchen bevorzugt nach einfachen Lösungen, um daran ihr Verhalten zu orientieren. Aus dem Erfolg in der Vergangenheit leiten wir Regeln für Zukünftiges ab. Weniges macht uns sicherer als das Vertrauen auf unsere Erfahrungen – Fonds verkaufen sich gut über die Kursanstiege der letzten fünf oder zehn Jahre, und in einem vergangenen Projekt erfolgreiche Mitarbeiter werden bevorzugt mit der Leitung weiterer Vorhaben betraut. Auch die Beratungsbranche liebt solche Erfolgsrezepte. Beispiele sind Reengineering oder Activity Based Management – mit viel Energie und Ressourcen umgesetzt, waren sie doch nur begrenzt erfolgreich. Leider sagen nämlich solche Erfahrungen bei Licht betrachtet nur genau eines aus: Was war früher schon einmal oder in einem anderen Unternehmen erfolgreich? Menschen fällt es generell schwer, gedanklich einen Schritt zurückzutreten und neue Probleme auch aus einer neuen Perspektive zu betrachten und dann nach neuen Lösungen zu suchen.

- Menschen machen typische Denkfehler
- Das führt zu ungeeigneten Lösungen
- Darum können wir Komplexität und Dynamik schlecht steuern

Hinzu kommt, dass wir von unserer biologischen Grundausstattung her das einfache Ursache-Wirkungs-Denken bevorzugen. Es fällt uns schwer, unser Handeln an den komplexen Wechselwirkungen innerhalb von und zwischen Systemen auszurichten. Dietrich Dörner schildert in seiner *Logik des Misslingens* typische Fehler:[14]

- Mängel in der Zielerreichung: Missstände werden einzeln und nacheinander bearbeitet.
- Beschränkung auf Ausschnitte: Beziehungen zwischen den Elementen eines Systems und deren Dynamik werden nicht erkannt.
- Einseitige Schwerpunkte: Nur einzelne Bereiche des Systems werden bearbeitet, andere bleiben unbeachtet.
- Vernachlässigte Nebenwirkungen: Einzelne Maßnahmen werden zielstrebig und schnell bearbeitet, Neben- und Wechselwirkungen werden ignoriert.

13) Neumann, L.; Gassmann, O.: „Die digital-frugale Innovation“. In: Gassmann, O.; Sutter, P.: *Digitale Transformation im Unternehmen gestalten*. München 2016

14) Dörner, D.: *Die Logik des Misslingens*. Hamburg 2003

- Tendenz zur Übersteuerung: Eingriffe sind zu intensiv, bei Schwierigkeiten wird komplett umgesteuert oder ganz gebremst.
- Tendenz zu autoritärem Verhalten: Der Glaube daran, ein System durchschaut zu haben in Verbindung mit der Macht, das System zu beeinflussen, führt oft zu Top-down-Anweisungen.

Klassische Thesen der Managementlehre gehen von einem statischen Bild aus - sie setzen die Durchschaubarkeit und die Steuerbarkeit von Systemen voraus, sie schaffen klare Strukturen und lineare Abläufe. In Zukunft noch mehr als früher werden allerdings die Unternehmen erfolgreich sein, die flexibel sind und schnell lernen. Sie haben zukünftig noch weniger Zeit zur Verfügung, um Entwicklungen in ihrem Markt zu verstehen und darauf zu reagieren. Wettbewerber und Kunden warten nicht, bis Unternehmen zur Veränderung bereit sind.

1.3 Spielregeln für Veränderungen

- Alles muss als System betrachtet werden
- Systeme gibt es auf allen Ebenen
- Elemente verhalten sich je nach System unterschiedlich

Welche Spielregeln gelten in dem dynamischen und komplexen Umfeld? Einzelne Elemente existieren nicht alleine und lassen sich auch nicht alleine begreifen. Wasser ist mehr als die Atome von Sauerstoff und Wasserstoff - ihr Zusammenwirken schafft eine neue Qualität. Äpfel reifen anders, wenn sie mit anderen Obstsorten in einer Schale liegen. Menschen verhalten sich unterschiedlich, je nach Kulturkreis und Gesellschaftssystem, je nachdem, mit welchen anderen Menschen sie zusammen sind und auch noch abhängig von ihrer „Tagesform“.

Systemtheoretische Ansätze bieten aktuell die besten Denkmodelle: Das Ganze ist mehr als die Summe seiner Teile: „Systeme“ sind Einheiten aus Elementen, die auf der Ebene des Systems über mehr und andere Eigenschaften verfügen, als die bloße Summe der einzelnen Elemente ausmacht. Zwischen den Elementen des Systems und zwischen Gruppen von Elementen kommt es zu Wechselwirkungen. Bereits Veränderungen einzelner Elemente können unterschiedliche und kaum vorhersehbare Auswirkungen auf das System haben. Systeme lassen sich wegen der grundsätzlich hohen Komplexität und wegen der Dynamik zwischen den Elementen nicht vollständig verstehen und damit auch nicht verlässlich steuern. In „Lohhausen“ und in der Wirklichkeit haben wir es mit Systemen zu tun. Systeme bestehen aus mehreren unterschiedlichen Elementen: Ein Sandhaufen enthält viele weitgehend gleiche Sandkörner, die sich beliebig austauschen lassen, ohne dass sich an dem Sandhaufen etwas ändert. Ein Haufen Sand ist also kein System. Eine Pflanze hingegen besteht aus mehreren verschiedenen Teilen, diese sind nicht austauschbar, die Teile sind im Aufbau miteinander vernetzt, das heißt, in vielerlei Hinsicht voneinander abhängig. Eine Pflanze ist also ein System.

Je nach Perspektive nimmt ein System unterschiedliche Formen und Umfänge an: Menschen als Organismen sind Systeme – sie verfügen über einen Blutkreislauf, Muskeln, Verdauung und mehr. Menschen als System „funktionieren" nur, wenn diese (und andere) Elemente gut zusammenwirken. Menschen leben andererseits in Systemen – in Familien, in Unternehmen, dort wiederum arbeiten sie häufig in unterschiedlichen Teams. Jede Intervention in einem System hat immer Auswirkungen auf alle Teile und alle Systeme – ein Medikament gegen Bluthochdruck hat auch Auswirkungen auf die Verdauung und generell auf das Wohlbefinden dieses Menschen. Sein Wohlbefinden wiederum beeinflusst sein Verhalten in der Familie oder im Team. Eine andere Aufgabe im Team kann aber auch die Zufriedenheit beeinflussen und Auswirkungen auf die psychische und physische Befindlichkeit haben, und ... alles hängt tatsächlich mit allem zusammen und jeder Eingriff kann nicht kalkulierbare und doch erhebliche Auswirkungen haben. Selbst wenn diese gar nicht beabsichtigt waren.

In verschiedenen Systemen verhalten sich Teile des Systems oder Subsysteme unterschiedlich. Erving Goffman ist ein kanadischer Soziologe, der mit dem 1959 erschienenen Buch *The Presentation of Self in Everyday Life* (deutsch: *Wir alle spielen Theater*) bekannt wurde.[15] Er zeigt in seinem Werk, wie jeder Mensch bestrebt ist, in Interaktionen ein positives und beeindruckendes Bild von sich zu vermitteln. Je nach Partner, Situation und gewählter Rolle verhalten wir uns dabei nie gleich.

- Es gibt geschlossene und offene Systeme
- Die Rückkopplung ist immer zu beachten
- Interventionen sind immer nur vorläufig

Die Elemente eines Systems beeinflussen sich gegenseitig. Das nennt sich Rückkopplung. Positiv „nach oben" ist eine Rückkopplung dann, wenn „mehr zu mehr" führt. Mehr Blütenpflanzen bedeuten mehr Nahrung und damit mehr Bienen. Positiv „nach unten" ist eine Rückkopplung dann, wenn „weniger zu weniger" führt. Weniger Bewegung schwächt die Muskulatur, der Besitzer hat dann noch weniger „Lust auf Bewegung". Negativ ist eine Rückkopplung dann, wenn sich gegenläufige Effekte zeigen. Gibt es mehr Karibus, bedeutet das mehr Nahrung für Wölfe, die fressen dann allerdings auch mehr Karibus und deren Zahl nimmt ab.

[15] Goffman, E.: *The Presentation of Self in Everyday Life*. New York 1959/Goffman, E.: *Wir alle spielen Theater*. München 2003

Unterschieden werden muss auch zwischen geschlossenen und offenen Systemen. Ein geschlossenes System besteht aus einer begrenzten Menge an Elementen. Jedes Element kann beschrieben und manipuliert werden. Solange ich dabei alle Elemente des geschlossenen Systems beachte, ist der Effekt einer jeden Änderung beschreibbar und damit kontrollierbar. Stellen Sie sich bitte einen einfachen Drucker vor (ohne Verbindung zum Internet!). Wenn zum Beispiel die Tintenpatrone leer ist, können Sie diese austauschen, sofern Sie die richtigen Handgriffe beherrschen und über die benötigten Patronen verfügen. Der Drucker druckt wieder. Garantiert! Geschlossene Systeme sind „aus sich heraus" nicht lernfähig.

Ein offenes System hingegen besteht aus einer nicht begrenzten Menge an Elementen. Diese Elemente können nicht endgültig beschrieben werden. Sie sind nicht vorhersagbar. Denn offene Systeme sind immer dynamisch. Sie entwickeln sich weiter, auch ungeplant. Diese Systeme sind lernfähig. Manipulationen führen neben den unmittelbaren Auswirkungen immer zu „Nebenwirkungen". Die Stärke und Richtung der Entwicklung ist nicht vorhersagbar. Kehren wir zu unseren Karibus (negative Rückkopplung!) zurück. Tatsächlich leben diese Tiere in einem offenen System: Karibus fressen Gras, das bei bestimmten Temperaturen und ausreichend, aber nicht zu vielen Nähstoffen im Boden besser wächst. Mehr Karibus können also mehr von dem Gras fressen und vermehren sich entsprechend. Das zieht die Wölfe an, die mehr Karibus fressen. Gras und Karibus und Wölfe sind aber keineswegs alleine. Zum Beispiel jagen Menschen Wölfe, und deren Zahl ist damit nicht nur abhängig von den Karibus. Gleichzeitig gibt es Gesetze, die die Wolfsjagd begrenzen könnten, oder Umweltaktivisten, die den Verkauf der Felle verhindern und, und, und …

Die Auswirkungen innerhalb eines Systems und über verschiedene Systeme hinweg verändern sich zu allem Überfluss auch noch exponentiell. Dazu ein Beispiel: Zwei Personen, die miteinander sprechen, nutzen einen Kommunikationskanal. Wenn wir uns stattdessen ein Team aus 13 Personen vorstellen, sind das noch nicht so furchtbar viele Menschen. Nach der Bibel zum Beispiel beging Jesus mit zwölf Jüngern das letzte Abendmahl. Jeder Lehrer wäre froh, wenn er nur zwölf Schüler in seiner Klasse hätte. Aber mal angenommen, dass jeder der 13 mit jedem anderen spricht, haben wir allerdings bereits 78 Kommunikationskanäle. Mit der Anzahl der Mitglieder des Teams steigt die Anzahl exponentiell [$x = (N^2 - N) / 2$].[16]

Kybernetik ist die Lehre von den Strukturen und dem Verhalten offener und dynamischer Systeme. Der Begriff „Kybernetik" kommt vom griechischen „kybernan", das heißt leiten oder steuern. Unterschieden wird zwischen Kybernetik 1. Ordnung (das ist die Betrachtung eines Elements, zum Beispiel einer Person), Kybernetik 2. Ordnung (das wäre die Interaktion der Person mit einzelnen Menschen aus dem

[16] Neumann, R.: *Denkfehler*. München 2019, S. 58

System) und Kybernetik 3. Ordnung (das ist dann die Betrachtung der Person im Gesamtkontext).

Wenn ich in ein System eingreife, setze ich mindestens einen Impuls auf einer der drei Ebenen. Die Wahrnehmung eines Systems, seine Interpretation und die daraus abgeleiteten Interventionen sind immer von den jeweiligen Akteuren abhängig: Eine Wiese ist eine Wiese ist eine Wiese. Aber: Für eine Kuh, einen Botaniker oder einen Spaziergänger hat sie jeweils unterschiedliche Bedeutungen. Ohne dass sich die Wiese selbst ändert. **Die** Wiese gibt es nicht.

Wir geben uns gerne der Illusion hin, dass wir diese Komplexität begreifen und steuern können. Das bleibt allerdings eine bloße Illusion. Dörner beschreibt das Handeln in solchen Situationen: „Ein Akteur in einer komplexen Handlungssituation gleicht einem Schachspieler, der mit einem Schachspiel spielt, das einige Dutzend Figuren aufweist, die mit Gummifäden aneinanderhängen. Es ist ihm dadurch unmöglich, nur eine Figur zu bewegen. Außerdem bewegen sich seine und die gegnerischen Figuren auch noch von allein – nach Regeln, die er nicht kennt oder über die er falsche Annahmen hat. Zusätzlich befindet sich ein Teil der eigenen und der fremden Figuren im Nebel und ist nicht oder nur ungenau zu erkennen.“[17] Eine schwere, wenn nicht am Ende sogar unlösbare Aufgabe.

Ich kann nur versuchen, die wichtigsten Parameter zu erkennen. Systeme ändern sich fortwährend, sind also immer neu. Systeme kann ich nicht wirklich steuern, Interventionen beeinflussen immer nur einen Teil des Systems. Negative und positive Rückkopplungen gibt es aber zwischen allen Elementen des Systems. Systeme sind lange Zeit stabil. Interventionen scheinen nicht zu wirken oder wir erkennen nur einen Teil ihrer Wirkung. Darum besteht die Gefahr der Übersteuerung – wie bei dem Versuch mit dem Kühlhaus. Wird der Druck auf ein System zu stark, finden chaotische Reaktionen statt. Wasser in einem Topf zum Beispiel zeigt auch bei steigenden Temperaturen zunächst keine sichtbare Veränderung – bis es kurz vor dem Siedepunkt „plötzlich“ zu sprudeln beginnt.

Der systemische Denkansatz hilft uns, nach wesentlichen Variablen und Wechselwirkungen Ausschau zu halten. Und dann flexibel nach der Methode von Versuch und Irrtum verschiedene Ansätze auszuprobieren. Das Wissen um den vorläufigen Charakter von Interventionen ermutigt uns zu explorativem Handeln mit der Bereitschaft, Fehler einzugestehen und einen anderen Anlauf zu wagen. Das nennt man auch unternehmerisch denken und handeln. Fredmund Malik beschreibt die Struktur lebensfähiger Unternehmenssysteme im Sinne eines kybernetischen an dem lebenden Organismus orientierten Erklärungsmodell.[18]

Sie kennen es vielleicht vom Film: Gedreht werden immer deutlich mehr Szenen, als am Ende den Weg in die Kinos finden. Manchmal gibt es drei oder mehr Ver-

---

17) Dörner 2003, S. 66

18) Malik, F.: *Strategie des Managements komplexer Systeme*. Bern 2008, insb. S. 73 – 89

sionen für den Schluss, die dann getestet werden. Der Regisseur wählt am Ende das aus, was am besten „ankommt" und das Kunstwerk gut abrundet. Schnelles und flexibles Handeln nach der Methode von Versuch und Irrtum, Denken und Handeln in Alternativen sind die einzigen Möglichkeiten, in einer dynamischen Welt den besten Weg in eine unbekannte und nur schwer vorhersehbare Zukunft zu finden. Aus Fehlern lerne ich für den nächsten besseren Schritt.

Frederic Vester entwickelte das Planspiel „Ökolopoly"[19], das den Umgang mit Rückwirkungen spielerisch abbildet.[20] Die Spieler sind Entscheidungsträger in Politik oder Wirtschaft und steuern „ihre kleine Welt" unter Beachtung der Zusammenhänge zwischen Wirtschaft, Umwelt und Gesellschaft. Der Schauplatz, Kybernetien, ist dringend sanierungsbedürftig: Die Bevölkerung wächst, der Bildungsstand sinkt und auch der Umweltschutz lässt zu wünschen übrig. Am Ende gibt es eine Bewertung für die erbrachte Leistung in der Steuerung von Systemen.

1.4 Veränderungen erfolgreich gestalten

- Veränderungen werden in Phasen unterteilt
- Es gibt verschiedene Modelle – alle sind deskriptiv
- Je nach Phase werden unterschiedliche Handlungen empfohlen

Veränderungen sind komplexe Prozesse mit vielen Beteiligten und einem komplizierten Ablauf. Darum gibt es immer wieder Ansätze, Veränderungsprozessen eine Struktur zu geben. Strukturen geben uns das Gefühl von Verstehen und liefern Ansätze, in den Ablauf steuernd eingreifen zu können.

Einen ersten Anlauf, Veränderungsprozesse zu strukturieren, unternahm Kurt Lewin.[21] Er unterschied zwischen drei Phasen, um eine Organisation zu verändern: Auftauen/Gleichgewicht aufbrechen – Bewegen/Neue Verhaltensweisen erlernen – Einfrieren/Gruppe stabilisieren. Im Verlauf der Veränderung sieht Lewin zusätzlich antreibende und widerstrebende Kräfte am Werk.

- Phase 1 – Auftauen: Die Veränderung wird vorbereitet. Um wirkungsvoll verändern zu können, muss ich die aktuelle Situation kennen. Den Beteiligten muss ich vermitteln, dass eine Veränderung notwendig ist. Es gilt, den Nutzen der Veränderung herauszustellen. Veränderungen brauchen Unterstützung, beson-

[19] *https://www.ravensburger.de/spielanleitungen/ecm/Spielanleitungen/Oekolopoly_2.pdf*, abgerufen am 25.06.2019

[20] Vester, F.: *Die Kunst vernetzt zu denken*. Stuttgart 1999

[21] Lewin, K.: *Feldtheorie in den Sozialwissenschaften. Ausgewählte theoretische Schriften*. Bern 2012

ders „von oben" – also ist das Ziel, möglichst viele Führungskräfte und Mitarbeiter einzubinden.

- Phase 2 – Verändern: Die Veränderung wird durchgeführt. Kommunikation ist wichtig, um Verstehen und Akzeptanz zu sichern. Je mehr Kommunikation, desto besser. Kommunikation bedeutet auch, alle Fragen zuzulassen und zu beantworten, gerade auch kritische. Offenheit schafft Vertrauen. Veränderungen sollten mit den Betroffenen durchgeführt werden, so schaffe ich Akzeptanz. Mitarbeiter benötigen unterschiedlich lange Zeiträume, um sich mit Veränderungen zu arrangieren.
- Phase 3 – Einfrieren: In dieser Phase wird sichergestellt, dass die Veränderung Bestand hat. Mögliche Instrumente zur Verstärkung des neuen Verhaltens können zum Beispiel Training, Feedback oder Belohnung sein. Kommunikation bleibt wichtig: Erfolge herausstellen, Nutzen deutlich machen. Veränderte Systeme und Prozesse sind besonders sensibel und müssen konsequent unterstützt werden.

Lewins Modell ist sehr plakativ und sicher vereinfachend, wenn man die tatsächliche Komplexität von Veränderungsprozessen in der Praxis betrachtet. Gleichwohl bleiben die grundsätzlichen Phasen gültig. Aktuellere Modelle wie das Stufenmodell von Kotter führen den grundsätzlichen Gedanken fort und differenzieren ihn. Insofern könnte man Lewins Modell als die „Mutter aller Change-Management-Modelle" bezeichnen.

John Kotter beschreibt den erfolgreichen Weg zur Veränderung in acht Phasen.[22] Er legt Wert darauf, dass die Phasen in genau dieser Reihenfolge bearbeitet werden müssen. Jede Veränderung braucht die erforderliche Zeit – zu hohes Tempo oder das Auslassen einzelner Schritte kann zu erheblichen Problemen im weiteren Verlauf des Prozesses oder zu einem Scheitern führen.

- Phase 1: Das Gefühl der Dringlichkeit („sense of urgency") erzeugen. Die meisten Menschen mögen keine Veränderung. Machen Sie deutlich, dass es nur diesen Weg gibt. Veränderung tut not. Erreichen Sie nach Möglichkeit eine kritische Masse von etwa 75 Prozent aller Führungskräfte und Mitarbeiter, die überzeugt sind. Und kommunizieren Sie nicht nur „Krise" – auch „grünere Weiden" in Zukunft können ein Anreiz sein. Also: Mitarbeiter informieren und motivieren.
- Phase 2: Eine kraftvolle Koalition („leading coalition") schmieden. Erfolgreiche Projekte brauchen motivierte Kernteams. Diese Gruppe gestaltet den Wandel, geht voran, „macht" Meinung und kann eine Vorbildrolle übernehmen – wichtige Stakeholder müssen darum von der Bedeutung der Veränderung überzeugt sein.
- Phase 3: Eine Vision gestalten. Klarheit schaffen über die Richtung, in der sich das Unternehmen entwickeln soll. Die Vision richtet alle auf dieses gemeinsame Ziel aus. Eine Vision ist einfach, prägnant und positiv.

---

[22] Kotter, J.: *Buy-In. Saving Your Good Idea From Getting Shot Down.* New York 2010

- Phase 4: Die Vision kommunizieren. Sie können nie ausreichend oft und ausreichend intensiv kommunizieren – mehr wäre immer besser. Wiederholung schafft Aufmerksamkeit. Wiederholung schafft Klarheit. Wiederholung schafft ... Sie spüren es: Je mehr, desto besser. Je mehr Kanäle Sie nutzen, desto sicherer können Sie sein, dass es jeden erreicht.
- Phase 5: Empowerment zur Umsetzung. Ermächtigen und ermutigen Sie alle zu eigenständigem Handeln. Jeder kann und darf seinen Beitrag leisten. Mitarbeiter sollen motiviert, vor allem aber zum Handeln aufgefordert werden. Nur so können sie den Wandel zu ihrer Sache machen. Für manche Führungskräfte ist die Eigeninitiative der Mitarbeiter nicht immer leicht auszuhalten. Empowerment muss auch gegen Widerstände durchgesetzt werden.
- Phase 6: Schnelle Erfolge (quick wins) schaffen Akzeptanz. Durch erste Erfolgserlebnisse bringen Sie den nötigen Schwung in die Veränderung. Wandel braucht Zeit, Wandel dauert, manchmal unerwartet lange. Kleine erfolgreiche Schritte schaffen hier Abhilfe – frühe Erfolge dienen als Starthilfe, Erfolge „zwischendurch" stärken den Durchhaltewillen. Erfolge müssen erkannt und gefeiert werden.
- Phase 7: Konsolidieren Sie Erfolge. Veränderungen müssen in der Kultur sichtbar werden, weitere Veränderungen lassen sich auf dem Erreichten aufbauen. Stabilisieren Sie neu eingeführte Verhaltensweisen, etablieren Sie Neues durch Wiederholung.
- Phase 8: Verankern Sie den neuen Ansatz. Schaffen Sie Strukturen, Prozesse, Zielsysteme zur Unterstützung der Veränderungen. Systematische Belohnungen des neuen Verhaltens machen die Veränderungen zum festen Bestandteil der Werte und Regeln des Unternehmens. Verankern Sie Ihre Vision systematisch im Alltag der Mitarbeiter.

Kotter liefert uns keine empirischen Belege, warum er den Veränderungsprozess in genau acht Phasen unterteilt. Wem also acht Phasen zu viel und drei Phasen doch zu wenig sind, der kann auf das Fünf-Phasen-Modell von Wilfried Krüger zurückgreifen.[23] Krüger geht – anders als Kotter – davon aus, dass die Phasen flexibel bearbeitet werden können.

- Stufe 1: Initialisierung – durch Analysen wird der Bedarf nach Veränderung erkannt und beschrieben. Der Prozess der Veränderung wird geplant. Als Träger der Veränderung werden ausgewählte Führungskräfte und Mitarbeiter aktiviert.
- Stufe 2: Konzeption – Ziele und Maßnahmen festlegen.
- Stufe 3: Mobilisierung – Kommunikation der Veränderungen, die Umsetzung wird vorbereitet.
- Stufe 4: Umsetzung – Änderungen, Erfolg prüfen, gegebenenfalls nachjustieren.
- Stufe 5: Verstetigung – Ergebnisse werden verankert, neue Muster etabliert.

---

23) Krüger, W.: *Excellence in Change. Wege zur strategischen Erneuerung.* Wiesbaden 2006

Fairerweise müssen wir auch hier anmerken, dass es wiederum keine empirischen Belege für die Anzahl der Phasen und die Abgrenzung der einen von der anderen Phase gibt. Mit allem Respekt vor Herrn Krüger und anderen hier nicht zusätzlich noch angeführten weiteren Autoren und ihren Modellen: Letztendlich ähneln sich die Phasenmodelle grundsätzlich, Unterschiede gibt es in der Hauptsache bei der Anzahl der Phasen, den dort jeweils geforderten Aktivitäten und bei der Flexibilität der Modelle in einzelnen Elementen. Hilfreich ist das Bild der Phasen trotzdem. Es eröffnet eine bessere Möglichkeit, an und mit den beschriebenen Inhalten das eigene Handeln zu planen. Wichtig sind und bleiben die grundsätzlichen Schritte, das Bekenntnis zur Beteiligung der Führungskräfte und Mitarbeiter sowie vor allem das Bekenntnis zur Kommunikation. Veränderung gelingt nur mit Zeit und mit dem Respekt vor den Menschen.

1.5 Veränderungen und die Menschen

- Menschen sind der Dreh- und Angelpunkt jeder Veränderung
- Veränderungen lösen immer kritische Emotionen aus
- Erfolgreiche Veränderungen berücksichtigen und bearbeiten diese Ebene

Veränderung tut not. Veränderung ist Chance. Schön und gut. Aber: Was macht die Veränderung nun mit den Menschen? Schließlich sind sie die Leidtragenden und die Nutznießer des Umbaus. Was machen die Menschen in der Veränderung? Sie müssen mitmachen, sonst geht es nicht, sie „müssen" aber auch freiwillig mitmachen, sonst wird es nichts. Formale und strukturelle Veränderungen haben nur dann Erfolg, wenn eine kulturelle Veränderung einhergeht.

Wie sehr sind die Menschen zur Veränderung bereit? Fühlen sie sich den Herausforderungen gewachsen? Wie schätzen sie die eigenen Kompetenzen ein? Lohnt es sich? Wie gehen Menschen überhaupt mit Veränderungen um?

Elisabeth Kübler-Ross stammte aus der Schweiz und war seit 1958 als Psychiaterin in den USA tätig. Als Assistenzprofessorin in Chicago arbeitete sie mit todkranken Menschen, heute spricht man von Palliativmedizin. Als Beschreibung ihrer Erfahrungen und Erkenntnisse publizierte sie das Buch *On Death and Dying.*[24] Darin stellt Kübler-Ross ein Fünf-Phasen-Modell (Bild 1.1) vor, mit dem sie die Zeit von der Aufklärung der Patienten über den tödlichen Charakter ihrer Krankheit bis zum Sterben beschreibt. Der Schwerpunkt liegt dabei auf der psychischen Verar-

[24] Kübler-Ross, E.: *On Death and Dying. What the Dying Have to Teach Doctors, Nurses, Clergy and Their Own Families.* New York 2014

beitung. Sie teilte den Verlauf in fünf Phasen ein, die sie eingehend beschrieb. Kübler-Ross erweiterte ihr Modell später auf jede Art von Verlust und in der Folge auch auf jede Art von Veränderung. Die fünf Stufen sind:

- Phase 1: Verneinung (denial) - Schock, Leugnen, Wut oder Ärger - die Diagnose wird abgelehnt, die Schlussfolgerungen werden infrage gestellt. Menschen verneinen die Notwendigkeit einer Veränderung oder glauben zumindest, nicht persönlich davon betroffen zu sein. Abwehrmechanismen greifen. Veränderungen stellen eine Bedrohung dar, Bedrohungen machen uns Angst. Als Erstes nehmen wir die damit verbundenen Risiken wahr. Je früher ich mich mit einer Bedrohung auseinandersetzen kann, umso besser. Informationen helfen, die Gründe für eine Veränderung zu verstehen. Wichtig ist, die Betroffenheit ernst zu nehmen.
- Phase 2: Ärgern (anger) - wenn klar wird, dass die Veränderung unumgänglich ist, wird nach Schuldigen gesucht, Ärger manifestiert sich in unterschiedlichsten Verhaltensweisen. Gewohnte und damit gut eingeübte Handlungsmuster können intensiver als vorher ausgeführt werden. Ärger kann sich nach außen richten - gegen Führungskräfte oder Berater. Der Ärger kann ebenso nach innen gerichtet werden. Der Betroffene macht sich dann Vorwürfe. Die Produktivität sinkt in solchen Phasen zum Teil erheblich ab.
- Phase 3: Verhandeln (bargaining) - in dieser Phase dominieren Überlegungen, wie sich das Unausweichliche vermeiden, abschwächen oder verändern lässt. Vergangene Situationen entwickeln eine besondere Anziehungskraft. Es fällt schwer, von gewohnten Handlungsmustern Abschied zu nehmen. Die notwendigen Konsequenzen werden relativiert. Im Verhalten zeigen sich vermehrt Unsicherheiten. Umso wichtiger ist in dieser Phase eine offene und intensive Kommunikation.

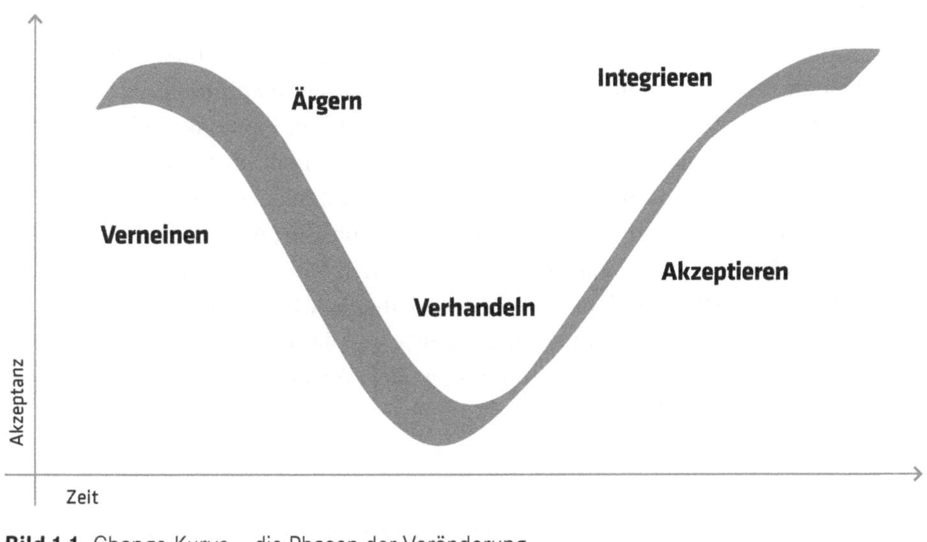

Bild 1.1 Change-Kurve - die Phasen der Veränderung

- Phase 4: Akzeptieren (acceptance) – das Unvermeidliche wird anerkannt. Menschen beschäftigen sich mit den Auswirkungen der Veränderung. Sie sind bereit, aktiv an der Veränderung mitzuwirken. Menschen sind in dieser Phase offen dafür, Neues zu lernen. Sie nehmen Möglichkeiten wahr und beginnen, mit „neuen" Verhaltensweisen zu experimentieren. Fehler sollten möglich sein und als Ansatzpunkt für einen erneuten Anlauf gesehen werden.
- Phase 5: Integrieren (integration) – die Kompetenz wächst, Erfolge stellen sich ein, die Mitarbeiter finden sich im neuen Umfeld zunehmend besser zurecht. Sie verstehen die neuen Ideen und Verhaltensweisen und setzen diese systematisch um. Jetzt geht es um Maßnahmen, die das neue Verhalten stabilisieren und nachhaltig verstärken.

Das hier beschriebene Modell gibt es in unterschiedlichen Versionen auch mit sieben Phasen. Der Ablauf ist identisch, meist sind die Phasen vier und fünf weiter unterteilt. Das Modell wurde in den 1980er-Jahren als Modell für Veränderungen in Organisationen begeistert aufgenommen. Zum Stichwort „Change-Kurve" finden sich auf Google 1 250 000 Einträge (abgerufen am 01.06.2019) von berichtend bis falsch verstanden. Vielen Beiträgen ist gemeinsam, dass der Ablauf in fünf (oder sieben) Phasen gerne als eine Art Naturgesetz kommuniziert wird.

Bei näherer Betrachtung ist auch die Bewertung dieses Modells weitaus schwieriger: Auf den ersten Blick wirkt der Ansatz von Kübler-Ross plausibel – auch weil sie eine plakative und damit gut nachvollziehbare Beschreibung liefert. Es ist unbestreitbar, dass viele der beschriebenen Verhaltensweisen von Menschen in bedrohlichen Situationen oder in Veränderungsprozessen gezeigt werden. Allerdings gibt es keine empirischen Belege dafür, dass sich der zeitliche Ablauf wie dargestellt abspielt, es gibt keine Belege für die lineare Sequenz, und ebenso wenig gibt es empirische Belege dafür, dass es tatsächlich *fünf (beziehungsweise sieben)* Phasen sind, weder bei Kübler-Ross noch bei anderen Autoren, auch nicht aus der Organisationswissenschaft. Kübler-Ross selber behauptete, das Phasenmodell sei „plötzlich zu ihr gekommen, fast so wie durch göttliche Inspiration"[25]. Belegt ist, dass sie einige andere Phasenmodelle kannte und deren Elemente in Teilen auch übernommen hat, ohne diese zu nennen. Heute würde man ihr in der Hinsicht zumindest unsauberes Zitieren vorwerfen. Auch ist ungeklärt, ob die Phasen alle nacheinander durchlaufen werden müssen oder ob Sprünge möglich sind, wie lange diese Phasen dauern und dergleichen mehr. Viele Organisationsentwickler lieben dieses Modell trotzdem und arbeiten damit wie mit einer exakten Gebrauchsanweisung. Etwas leichter genommen – und dann weiterhin nützlich – liefert das Modell ein gutes Bild, anhand dessen sich Veränderungsmaßnahmen besser strukturieren und planen lassen.

[25] Vgl. Elisabeth Kübler-Ross, *https://de.wikipedia.org/wiki/Elisabeth_Kübler-Ross*, abgerufen am 29.05.2019

Nach übereinstimmender Meinung vieler Akteure gibt es typische Gruppen von Mitarbeitern, die sich in Geschwindigkeit und Intensität der Veränderung unterscheiden lassen. Es gibt Menschen, die aus eigenem Antrieb nach Veränderungen und Verbesserungen Ausschau halten und diese auch vorantreiben. Es gibt eher veränderungsbereite Menschen, die sich schnell überzeugen und begeistern lassen und die dann auch andere motivieren. Dann gibt es die üblichen zwei Drittel, die sich mal schneller und mal langsamer auf die Veränderung einlassen. Und schlussendlich gibt es die restlichen vielleicht zehn Prozent, die sehr spät mitmachen, und das dann häufig auch sehr zögerlich. Entscheidend für den Erfolg einer Veränderung ist es, früh die kritische Masse zu erreichen, die das notwendige Momentum erzeugt. Kommunizieren, einbinden, mitmachen lassen und machen lassen sind wesentliche Elemente, um die erforderliche Zahl zu gewinnen.

- Menschen einbinden ist wichtig für den Erfolg von Veränderungen
- Widerstand ist „normal" und ernst zu nehmen
- Widerstand braucht Kommunikation

Widerstand lässt sich nie vermeiden. Widerstand ist häufig emotional motiviert. Er ist allerdings ein guter Prüfstein für Ideen und Maßnahmen – gute Gedanken und gute Lösungen lassen sich in Gesprächen erläutern und verteidigen. Kritische Diskussionen helfen, den Plan zu schärfen. Echter Widerstand beginnt dann, wenn Entscheidungen auch bei sorgfältiger Prüfung aller fachlichen Argumente Bestand haben und trotzdem auf Ablehnung stoßen. Hier haben wir es ausschließlich mit Ängsten unterschiedlichster Art zu tun. Es gibt viele Anzeichen für Widerstand – offene Opposition wie formulierte Unzufriedenheit oder aggressives Verhalten, passive Opposition wie Dienst nach Vorschrift oder offensichtliche Zurückhaltung. Ursachen können – neben individuellen Gründen – in nicht ausreichend intensiver oder nicht ausreichend offener Kommunikation liegen. Vielleicht ist es auch nicht gelungen, die Gründe einer Veränderung hinreichend plausibel zu machen, oder die Vorteile wurden nicht verstanden. Meist zahlt sich das Bemühen aus, Widerstände zuzulassen und mit den Mitarbeitern im Dialog zu bleiben. Zeit lassen, offen sein, reden, erklären, einbinden ... tun Sie alles in Ihrer Macht Stehende, um möglichst viele zu überzeugen. Das kostet Energie und Zeit. Die dadurch ausgedrückte Wertschätzung für die Mitarbeiter ist ein entscheidender Erfolgsfaktor für eine erfolgreiche Transformation.[26] Am Ende hilft dann vielleicht die demütig machende Erkenntnis, dass ich nicht jeden für alles gewinnen kann. Akzeptieren wir, dass ein paar Mitarbeiter nicht mitmachen wollen.

---

[26] Purps-Pardigol, S.; Kehren, H.: *Digitalisierung mit Hirn*. Frankfurt am Main 2018

1.6 Veränderungen und die lernende Organisation

- Veränderung betrifft die gesamte Organisation
- Die ganze Struktur muss flexibel und lernfähig werden
- Lernende Organisationen denken und handeln anders

Peter M. Senge prägte mit seinem Buch *The Fifth Discipline* den Begriff der lernenden Organisation.[27] Die Fähigkeit zu organisationalem Lernen hängt danach von individuellen Werten und Kompetenzen, von Methoden und Konzepten sowie von Organisationsstrukturen ab. Wissen zu erwerben, zu vermitteln und anzuwenden vollzieht sich demnach vorwiegend in Teams. Senge benennt fünf Disziplinen der lernenden Organisation:

- gemeinsame Visionen,
- Austausch von mentalen Modellen im Team,
- Teamlernen,
- persönliches Wachstum und
- systemisches Denken.

Erfolgreiche Teamarbeit nutzt diese fünf Disziplinen. Lernen und Wissen stehen im Mittelpunkt: Mitarbeiter werden zum Lernen angehalten und zur Eigeninitiative ermuntert. Sie werden dabei gefördert, Kompetenzen über ihre eigentliche Zuständigkeit hinaus zu entwickeln. Lernen geht über das Unternehmen hinaus und umfasst Stakeholder wie Lieferanten oder Kunden. Lernen wird in der Strategie des Unternehmens fest verankert.

- Gemeinsame Visionen sind Zukunfts- und Leitbilder oder Werte von Teams oder der ganzen Organisation. Sie sind Orientierung und Motivation. Damit sie wirken können, brauchen sie eine Verbindung mit Strategie und Zielen. Alle Teams arbeiten daran, die Visionen umzusetzen. Besondere Kraft entfalten diese Modelle dann, wenn viele Mitarbeiter an der Formulierung der Visionen und Ziele aktiv mitarbeiten können.
- Wir alle machen uns ein Bild von unserem Umfeld – mentale Modelle. Diese Bilder von der Wirklichkeit führen unser Wissen und unsere Erfahrungen zusammen. Sie bestimmen unser Denken und Handeln. Viele dieser Einstellungen und Heuristiken sind unbewusst und werden auch intuitiv angewendet. Wenn das Team an den unterschiedlichen Modellen der Mitglieder arbeitet, kann die Kommunikation deutlich verbessert werden. Unreflektierte Grundannahmen können

[27] Senge, P. M.: *The Fifth Discipline*. New York 2006

so besprochen und bearbeitet werden. Optimierte mentale Modelle können zur Verbesserung des Handelns führen. Organisationen tun gut daran, den offenen Dialog über diese Themen zu fördern und damit den Wandel deutlich zu beschleunigen.

- Lernende Organisationen unterstützen das Teamlernen. Menschen können im Team besser miteinander und voneinander lernen: „Alle wissen mehr als einer." Voraussetzung ist eine angemessene Gesprächskultur, die es auch erlaubt, zur Perspektive des Partners zu wechseln. Wissensmanagement ist weitgehend Teamlernen.
- Persönliches Wachstum ist die Arbeit an der eigenen Persönlichkeit - Ausbau von Fähigkeiten, Reflexion und Entwicklung. Mehr Fähigkeiten des Einzelnen bedeuten auch mehr und besseren Input für die Organisation. Senge versteht persönliches Wachstum als Prozess lebenslangen Lernens, von dem zunächst und vor allem die Person und dann - mehr als Nebenprodukt - die Organisation profitiert.
- Systemisches Denken hilft, die Vernetzung der Elemente einer Organisation und über die Organisation hinaus zu erkennen - soweit dies überhaupt möglich ist. Wechselwirkungen und Rückkopplungen werden deutlicher. Denken in Systemen ermöglicht es, Vernetzungen aufzuspüren und zu berücksichtigen.

Lernende Organisationen lassen sich nur durch die Arbeit in allen fünf Disziplinen entwickeln. Die Entwicklung von individuellem zu kollektivem und dann zu organisationalem Lernen beschreibt die angestrebte Entwicklung.

Vertrauen in die Bereitschaft und in die Möglichkeiten der Mitarbeiter ist zentral für erfolgreiche Veränderung, Vertrauen in die Energie, Kreativität und das Engagement der Beteiligten. Starke Werte und eine starke Unternehmenskultur schaffen das nötige Vertrauen und damit Stabilität in der Veränderung. Eine erfolgreiche Kultur ist prägnant - klar in ihren Aussagen, verbindlich und konsistent. Eine solche Kultur wird von den Mitarbeitern respektiert und darum gelebt. Erfolgreiche Unternehmen wie Amazon oder Google sind für ihre stark ausgeprägte Kultur bekannt.

Veränderung bedeutet immer, die Menschen zu erreichen und gemeinsam mit allen das Unternehmen neu zu gestalten. Kommunikation hilft den Mitarbeitern eines Unternehmens, die aktuelle Situation zu verstehen und einzuordnen. Ausgehend von diesem Verständnis kann ich die Notwendigkeit zur Veränderung deutlich machen. Die Mitarbeiter wissen dann, welche Ziele das Unternehmen hat und wie diese erreicht werden sollen. Erfolgreich ist Kommunikation, wenn ich das sachliche Thema mit positiven Emotionen verbinde. Natürlich wollen Mitarbeiter zunächst einmal informiert werden. Ich muss ihnen aber auch die Möglichkeit geben, sich mit den Zielen der Veränderung „anzufreunden", sich dafür zu begeistern und nach Möglichkeit zu beteiligen. Intensive Kommunikation steht ganz oben auf der Prioritätenliste erfolgreicher Veränderung. Mitarbeiter wollen Bescheid wissen. Mitarbeiter wollen Sinn erkennen. Das Handeln folgt dann meist freiwillig und schnell.

Das Allerwichtigste zum Schluss dieses Kapitels: Veränderung braucht Zeit. Veränderung besteht aus einer Vielzahl kleiner Schritte, deren (Zwischen-)Ergebnis dann die Veränderung ist. Oder eine erste Station auf dem längeren Weg.

2 Agilität als Antwort auf stetige Veränderung

- Agilität ist ein Modewort ...
  ... und doch mehr: Agilität hilft, Schwerfälligkeit zu überwinden
- Für agiles Handeln muss man sich konsequent entscheiden
- Agilität umfasst die ganze Organisation ...
  ... Werte, Prozesse und Strukturen ...
  ... Mitarbeiter, Kunden und Partner
- Agilität geht nur mit allen gemeinsam ...
  ... und auf allen Ebenen

2.1 Agilität – mehr als ein Trend

- Agilität ist Beweglichkeit – auf allen Ebenen
- Agiles Handeln folgt Prinzipien
- Agiles Handeln ist erfolgreich

„Arbeiten 4.0 & Agile Führung" ist der Titel des Geleitworts für den Sammelband *HR-Tends 2019.*[1] 14 der 37 Beiträge tragen das Wort „agil" oder „digital" im Titel, manche auch beide. Inhaltlich beschäftigen sich beinahe alle in irgendeiner Form damit. Per 31. 05. 2019 listet Google 42 100 000 Beiträge unter dem Stichwort „agil" auf, 488 (deutschsprachige) Ergebnisse zeigt Amazon, wenn man „agil" + „Management" eingibt, mehr als 5000 fremdsprachige (für „agile" + „management" natürlich). Jeder der bekannteren Anbieter für offene Weiterbildungsveranstaltungen hat viele Angebote im Portfolio – vom Basistraining für den agilen Vertrieb bis zum Training für Manager mit „Blended Action Learning"-Konzept.

[1] Heil, H.: „Arbeiten 4.0 & Agile Führung". In: Schwuchow, K.; Gutmann, J. (Hrsg.): *HR-Trends 2019*. Freiburg 2018

In Wörterbüchern finden wir für das Wort „agil“ die Bedeutung „beweglich, regsam, wendig“. Ursprünglich kommt der Begriff aus der Softwareentwicklung. Besonders in hochkomplexen Umfeldern stoßen herkömmliche Methoden des Projektmanagements immer wieder an ihre Grenzen – Abgabetermine werden überschritten, die Qualität entspricht nicht den Anforderungen, nicht wenige Projekte scheitern. Darum wurde der Prozess der Entwicklung insbesondere komplexer Programme anders definiert. Ziel ist der Einsatz von Methoden, um den absoluten Aufwand möglichst gering zu halten und ein hohes Maß an Abstimmung intern und mit dem Auftraggeber zu realisieren. Methoden sind beispielsweise Kanban, Feature Driven Development oder Scrum.

Im Jahr 2001 wurde das „agile Manifest“ verfasst und veröffentlicht.[2] Ziel war, verbindliche Prinzipien für die agile Vorgehensweise in der Softwareentwicklung festzuschreiben. Formuliert wurden vier Leitsätze (auf der Website *https://agilemanifesto.org/iso/de/manifesto.html* in einer Vielzahl von Übersetzungen):

- „**Individuen und Interaktionen** mehr als Prozesse und Werkzeuge
  Wissen lässt sich am besten nutzen, wenn es geteilt wird. Zusammenarbeit ist der Schlüssel.
- **Funktionierende Software** mehr als umfassende Dokumentation
  Mehr Dokumentation macht keine besseren Funktionen. Prototypen entwickeln und testen und verbessern und ... schaffen mehr Nutzen.
- **Zusammenarbeit mit dem Kunden** mehr als Vertragsverhandlung
  Der Kunde verdient das bestmögliche Produkt. Darum erreiche ich mehr mit flexibler Reaktion auf veränderte Anforderungen.
- **Reagieren auf Veränderung** mehr als das Befolgen eines Plans
  Planung bleibt wichtig, aber die eigentliche Konstante ist die Veränderung. Nur durch flexible Anpassung bin ich erfolgreich.“

Die Autoren haben zusätzlich zwölf Prinzipien formuliert, die das Handeln nach dem agilen Manifest erläutern:[3]

- „Unsere höchste Priorität ist es, den Kunden durch frühe und kontinuierliche Auslieferung wertvoller Software zufrieden zu stellen.
- Heiße Anforderungsänderungen sind selbst spät in der Entwicklung willkommen. Agile Prozesse nutzen Veränderungen zum Wettbewerbsvorteil des Kunden.
- Liefere funktionierende Software regelmäßig innerhalb weniger Wochen oder Monate und bevorzuge dabei die kürzere Zeitspanne.

---

[2] Ehre wem Ehre gebührt: Die Verfasser sind (in alphabetischer Reihenfolge) Kent Beck, Mike Beedle, Arie van Bennekum, Alistair Cockburn, Ward Cunningham, Martin Fowler, James Grenning, Jim Highsmith, Andrew Hunt, Ron Jeffries, Jon Kern, Brian Marick, Robert C. Martin, Steve Mellor, Ken Schwaber, Jeff Sutherland und Dave Thomas – 17 (sehr) erfahrene Softwareentwickler.

[3] *https://agilemanifesto.org/iso/de/principles.html*, abgerufen am 31.05.2019

- Fachexperten und Entwickler müssen während des Projekts täglich zusammenarbeiten.
- Errichte Projekte rund um motivierte Individuen. Gib ihnen das Umfeld und die Unterstützung, die sie benötigen, und vertraue darauf, dass sie die Aufgabe erledigen.
- Die effizienteste und effektivste Methode, Informationen an und innerhalb eines Entwicklungsteams zu übermitteln, ist im Gespräch von Angesicht zu Angesicht.
- Funktionierende Software ist das wichtigste Fortschrittsmaß.
- Agile Prozesse fördern nachhaltige Entwicklung. Die Auftraggeber, Entwickler und Benutzer sollten ein gleichmäßiges Tempo auf unbegrenzte Zeit halten können.
- Ständiges Augenmerk auf technische Exzellenz und gutes Design fördert Agilität.
- Einfachheit - die Kunst, die Menge nicht getaner Arbeit zu maximieren - ist essenziell.
- Die besten Architekturen, Anforderungen und Entwürfe entstehen durch selbstorganisierte Teams.
- In regelmäßigen Abständen reflektiert das Team, wie es effektiver werden kann, und passt sein Verhalten entsprechend an."

Die agilen Prinzipien stellen nachdrücklich fest, dass solche Prozesse nur gelingen, wenn ein motiviertes selbstorganisiertes Team eng mit den Partnern im Geschäft zusammenarbeitet. Die Liste der Unterzeichner ist mit Tausenden Personen aus allen Teilen der Welt inzwischen beeindruckend lang.

Eine bekannte und inzwischen sehr populäre Methode für agiles Handeln in Projekten, besonders in der IT, ist Scrum. Unser aktuelles Verständnis agiler Organisation und agiler Methoden ist davon stark geprägt. Scrum wird als genereller Rahmen für die Entwicklung komplexer Produkte gesehen. „Rahmen" bedeutet, dass verschiedene Techniken genutzt werden, dass es Rollen und Regeln für Teams und einzelne Akteure gibt. Ein wesentliches Merkmal von Scrum ist die Konzentration auf die Rolle der Person. Nur die jeweils ausgeübte Rolle beschreibt, was der Einzelne tut, was er beeinflussen oder bestimmen kann, welche Verantwortung er hat. Rollen können beständig wechseln. Agilität im eigentlichen Sinn des Wortes. Laut den Verfassern des Scrum Guides wird Scrum eingesetzt, „um Software, Hardware, Embedded Software, Netzwerke von interagierenden Funktionen und autonome Fahrzeuge zu entwickeln. Scrum wird aber auch in Schulen, Regierungs- und Marketingprojekten genutzt, zur Verwaltung von Organisationen und der Entwicklung von fast allem, was wir in unserem täglichen Leben als Einzelpersonen und als Gesellschaften verwenden".[4] Scrum wird bereits seit Längerem auch in

[4] Schwaber, K.; Sutherland, J.: *Der Scrum Guide™. https://www.scrumguides.org/docs/scrumguide/v2017/2017-Scrum-Guide-German.pdf*, abgerufen am 31.05.2019

den Pfalzwerken im Bereich IT eingesetzt. Mitarbeiter nehmen regelmäßig an Schulungen teil und werden auch ermuntert, entsprechende Zertifizierungen, zum Beispiel als Scrum Master, zu erwerben.

2.2 Agiles Handeln verschafft Vorsprung

Agiles Handeln ist ...

- ... schnell
- ... flexibel

... und bedeutet Verantwortung

Digitalisierung wird von vielen als **die** unternehmerische Herausforderung der Gegenwart gewertet. Die „Welt 4.0" für Unternehmen hat sich – besonders in den letzten zehn Jahren – dramatisch verändert. Für beinahe jedes Produkt gibt es weltweit Wettbewerber, dank des Internets kann diese Unternehmen und Produkte jeder leicht finden. Kommunikation und Werbung gehen weit über top-down-gesteuerte Medien wie Print oder TV hinaus, ebenso wie über persönliche Netzwerke oder Kontakte. Das Tempo, die Komplexität und die Form der Entwicklungen nehmen sogar kontinuierlich zu. Unternehmen müssen schneller werden – die Zeit zur Entwicklung neuer Produkte oder Dienstleistungen ist drastisch verkürzt. Kunden sind schneller, haben mehr Überblick und sind viel früher bereit, zu wechseln. Google hat Yahoo verdrängt, weil die Seite optisch attraktiver und nutzerfreundlicher aufgebaut war. Klassische Organisationsstrukturen sind zu wenig flexibel, um Veränderungen im erforderlichen Tempo abzubilden. Digitale Geschäftsmodelle schlagen traditionelle auch wegen des höheren Tempos der Veränderung.

Agilität kann iteratives, schnelles und flexibles Handeln deutlich fördern, über den IT- und Projektkontext hinaus. Flexibilität ist ein Schlüssel zum Erfolg angesichts der vielen, immer schneller und komplexer werdenden Veränderungen in Unternehmen und im gesellschaftlichen Umfeld. Agilität ist vor allem eine mentale Grundhaltung, die aus der Ebene der Einstellung auf die Ebene des Handelns übertragen wird. Das klingt jetzt nebulös – ist es auf den ersten Blick auch. Agilität manifestiert sich im Handeln – bei Führungskräften und bei Mitarbeitern. Je konkreter die Prinzipien von Flexibilität und Eigenverantwortung gelebt werden, umso agiler ist das Unternehmen. Diese Agilität beginnt bei den Werten und endet im alltäglichen operativen Handeln. Es handelt sich um eine grundsätzliche Veränderung der Unternehmenskultur. Agile Unternehmen sind solche, die Veränderungen früh wahrnehmen, Veränderungen aktiv in die Strategie einbinden, innovativ und lernfähig handeln. In Zeiten des digitalen Wandels sind die klassischen Instrumente nicht mehr oder nur noch begrenzt tauglich. Mehrjahrespläne sind kaum noch einzuhalten, das Wettbewerbsumfeld kann sich täglich wandeln. Innovationen sind zunehmend disruptiv - das bedeutet, dass sie in kurzer Zeit ganze Märkte radikal verändern können.

2.3 Agil und Führung

- Agile Führung gibt dem Mitarbeiter Verantwortung
- Werte sind die Grundlage für agile Führung
- Agiles Handeln braucht Skills

Über die IT hinaus fiel der Begriff „agil" besonders in der Managementliteratur auf fruchtbaren Boden. Die Prinzipien dahinter sind nicht vollkommen neu. Zum Teil früher, in vermehrter Form seit den 1960er-Jahren, finden sich in der Führungsliteratur theoretische und praktische Ansätze, wie Menschen anders und besser als mit Befehl und Gehorsam bewegt werden können. Das ist die Theorie X von McGregor[5] oder das Managerial Grid von Blake und Mouton[6], das sind Führungsprinzipien wie das kooperative oder das situative Führen.[7] Führen mit Zielen wird schon seit Langem in vielen Unternehmen mehr oder minder konsequent praktiziert, und der Aufruf „Betroffene zu Beteiligten" zu machen, ist seit Langem ein Credo der Organisationsentwicklung. Führung war schon immer der Versuch, Mitarbeiter zielgerichtet zu bewegen und zu steuern. Jede Führungskraft mit nicht allzu rustikaler „Grundausstattung" hatte natürlich den Wunsch, Mitarbeiter zu motivieren, zu begeistern und einzubinden. Die Entwicklungen auf diesem Gebiet gingen einher mit der Entwicklung der Arbeit zu mehr Komplexität und Qualität - weniger ausführende „Arbeiter", mehr mitdenkende „Knowledge Worker", und zwar auf allen Ebenen. Durch den Einsatz agiler Methoden werden Mitarbeiter weniger kontrolliert und weniger kontrollierbar. Die Mitarbeiter erhalten mehr Selbstbestimmung und Einfluss, gleichzeitig behalten sie durch agile Methoden wie zum Beispiel Scrum die Orientierung.

Was genau ist nun „agile" Führung? „Zweck von Führung ist in konzentrierter Form das Überleben des Unternehmens zu sichern."[8] Vor allem manifestiert sich im agilen Führungsverständnis die Einsicht, dass wir inzwischen in einem deut-

---

[5] McGregor, D.: *The Human Side of Enterprise.* New York 1960

[6] Blake, R. R.; Mouton, J. S.: *New Managerial Grid.* Houston 1978

[7] Blanchard, K.; Johnson, S.: *Der Minuten-Manager.* Reinbek 1986

[8] Sprenger, R. K.: *Radikal führen.* Frankfurt am Main 2012, S. 18

lich veränderten Umfeld handeln müssen. Manchmal geht es auch nur darum, dass die Einsicht in die Komplexität und schlechte Steuerbarkeit unserer Handlungsfelder bis zu den Akteuren vorgedrungen ist. Diese Rahmenbedingungen fordern und fördern noch mehr als in der Vergangenheit die Einsicht, dass Mitarbeiter vieles wissen und vieles verstehen und darum in hohem Maß auch eigenverantwortlich handeln können und sollten. Starre Systeme, viele Kontrollen und dergleichen mehr sind wenig geeignet für ein flexibles und dynamisches Umfeld. Führungskräfte können häufig nur noch wenige Detailkenntnisse haben, ganz sicher können sie nicht alles besser wissen als die Experten in den unterschiedlichen Funktionen. Sie müssen sich also ganz auf die Kompetenz der Mitarbeiter verlassen. Führung wird darum immer mehr zum Rahmenhandeln und zum Handeln als Vorbild.

Agile Führung nun räumt konsequenter als bisher mit der hierarchischen Orientierung der Führung auf. Führungskräfte sind in diesem Verständnis agiler Führung für den großen Rahmen verantwortlich, für die Abstimmung an den Schnittstellen, für die Infrastruktur, für die individuelle Unterstützung der einzelnen Mitarbeiter und die Vernetzung in der Zusammenarbeit. Die inhaltliche und fachliche Verantwortung wird an den Ort des Handelns verlagert - zum Mitarbeiter oder, inzwischen der häufigere Fall, zum Team. Führungskräfte werden in den Modellen agiler Führung zum Coach ihrer Mitarbeiter. Ihre Hauptaufgabe ist es, Mitarbeiter und Teams kompetent zu machen, fachlich und sozial, und dann für eine gute Vernetzung zu sorgen. „Führungskräfte organisieren Zusammenarbeit im Unternehmen, die sich von alleine nicht ergibt."[9] Sie steuern Mitarbeiter und Teams orientiert an der Vision und konkret geleitet von der Strategie. Führungskräfte sind für die Beratung und damit die Optimierung des Teams beziehungsweise der Teamleistung verantwortlich.

Für Führungskräfte ist ein derart konsequenter Wandel der Rolle oft ungewohnt, vielleicht sorgt er sogar für Angst. Führungskräfte haben in den meisten Unternehmen immer noch eine Rolle, die von der Position in der Hierarchie und dem weiteren Aufstieg in der Hierarchie geprägt ist. Coach der Mitarbeiter und Moderator von Prozessen sind damit auf den ersten Blick nicht vereinbar. Gerade Führungskräfte brauchen erhebliche Unterstützung, um sich mit den veränderten Anforderungen der Rolle, vor allem aber auch mit dem ganz anderen Selbstverständnis zu arrangieren. Agiles Führen verlangt eine große Bereitschaft, Unsicherheiten und Unklarheiten auszuhalten. Agil handeln bedeutet, jederzeit flexibel zu sein - jede feste Struktur, vor allem über längere Zeit hinweg, steht jedoch der Flexibilität im Wege.

Listen von notwendigen Skills für Führungskräfte umfassen immer wieder Kompetenzen wie „unternehmerisches Denken", „radikale Kundenorientierung", „Team-

[9] Sprenger, R. K.: *Radikal führen,* Frankfurt am Main 2012, S. 55

fähigkeit“, „Fähigkeit zur Selbstführung“, „Flexibilität“ oder „Teamfähigkeit“. In dieser Form dürfte der Unterschied zu den schon bisher an Führungskräfte gestellte Anforderungen nicht allzu groß sein. Entscheidend ist und bleibt, wie diese Kompetenzen im Alltag gelebt werden. Als Rahmen dienen die Werte und die Strategie des Unternehmens und daraus folgend die Organisation. Agiles Handeln zuzulassen und zu unterstützen dürfte schwieriger sein, als die erforderlichen Kompetenzen auf der Ebene der Führungskräfte und Mitarbeiter zu finden oder zu entwickeln. Agile Führung ist eine im Verhalten erkennbar werdende Grundhaltung, die Werkzeuge für Führung, Coaching, Problemlösung, Scrum und Moderation gibt es meist bereits.

Startpunkt ist die Unternehmenskultur - die Werte. Dabei geht es um Kommunikation, ganz viel Kommunikation: erklären, motivieren, einbinden. Kommunikation auf Augenhöhe. Handlungsfreiheit ist wichtig, verbunden mit der Bereitschaft, die Verantwortung für das eigene Handeln zu übernehmen. Das Unternehmen muss es aushalten können, dass Mitarbeiter eigene Ideen entwickeln und diese umsetzen wollen. Einige Tools und Techniken müssen häufig vermittelt oder wieder bewusst gemacht werden. Wichtig ist eine gut entwickelte Fehlerkultur - nur der offene Umgang mit Fehlern und die unbedingte Bereitschaft, auszuprobieren und zu lernen, ermöglicht agiles Handeln im Unternehmen. Langwieriges Abwägen und vielfache Abstimmungen sind der sichere Tod jeder Geschwindigkeit und Flexibilität. Agilität ist ein offener Prozess - zeitlich und qualitativ. Agilität ist keineswegs linear, sie wird nicht von Tag zu Tag besser, es wird kritische Phasen geben, Widerstand aus der Belegschaft, Rückschläge am Markt.

■ 2.4 Agile Methoden und Formate

- Erfolgreich agil handeln braucht Methoden
- Methoden muss man lernen ...
  ... und konsequent anwenden

Sich als Unternehmen und als Person agil aufzustellen, heißt vor allem, anders zu arbeiten. Verantwortung zu übernehmen bedeutet, Verantwortung für die eigene Weiterbildung zu übernehmen, sich flexibel neue Wege zum Wissenserwerb anzueignen. Anders zu arbeiten bedeutet, andere Formate zu suchen. Agiles Lernen und Arbeiten zielt auf Eigensteuerung und Kooperation ab. Wir betrachten in der Folge einige Lern- und Arbeitsformen, die typisch für agil handelnde Unternehmen sind - wenn Sie noch traditioneller arbeiten, können andere Lern- und Arbeitsformen trotzdem zu spannenden Erkenntnissen führen.

„Rotation Days" kennen Sie vielleicht unter dem Begriff „Job Rotation". Dort wird allerdings meist über eine längere Zeit hinweg in einem anderen Tätigkeitsfeld gearbeitet. Der Rotation Day im engeren Sinne ist ein Tag, an dem Einzelne in einem anderen Team mitarbeiten. Sinn macht Rotation vor allem, wenn der Gast, statt nur zu hospitieren, „richtig" mitarbeiten kann - also sollten Sie einen solchen Tag gut vorbereiten. Am Ende des Tages steht die Manöverkritik: Was verstehe ich jetzt anders oder besser? Genauso sollte das aufnehmende Team bereit sein, sich den Fragen und vielleicht sogar der Kritik des Gasts zu stellen: „Warum macht ihr das so?" - „Achtet doch vermehrt auf...!" - so lassen sich Grenzen zwischen unterschiedlichen Teams aufweichen. „Undercover Boss" von RTL[10] ist ein Fernsehformat, in dem ein Chef für eine Woche in die Rolle eines Hilfsarbeiters schlüpft und seinen Betrieb aus dieser Perspektive kennenlernt. Im Fernsehen ein ganz ordentlicher Erfolg - in manchen Unternehmen wird das auch immer wieder praktiziert, allerdings meist ohne diese klandestine Komponente. Ein Tag in der Essensausgabe des Mitarbeiterrestaurants, in der Zustellung von Paketen oder an der „Kundenfront" kann Augen öffnen ...

„ShipIt Days" sind Tage, an denen Mitarbeiter sich mit einem x-beliebigen Thema aus ihrem Umfeld beschäftigen (dürfen). In einem Team werden Ideen für den Tag - möglichst konkret - vorbereitet. Das Team sucht sich dann eine dieser Ideen aus und setzt sie um. Ziel ist, an diesem Tag ein vorzeigbares (Zwischen-)Ergebnis herzustellen. Themen, die sonst zu wenig Beachtung finden, Probleme, die „schon immer" stören, eine „verrückte" Idee, an die sich bisher keiner rantraute - der Kreativität sind an solchen Tagen keine Grenzen gesetzt. Einziges Kriterium ist die Voraussetzung, dass sich das Thema an einem Tag bearbeiten lässt. ShipIt Days ohne Ergebnis sind ein Misserfolg. Da wir aus Fehlern lernen wollen, kann ich den Grund analysieren - schlechte Vorbereitung, falsche Auswahl, zu wenig Disziplin ... und beim nächsten Mal einiges besser machen. „Scheitern und Lernen", heißt die Devise!

Themenlunches oder Themenapéros gibt es ebenfalls in einer Reihe von Unternehmen oder über Unternehmen hinweg, Beratungen bieten das auch gerne für ihre Kunden an. Nicht ganz uneigennützig vielleicht. Organisationen wie Toastmasters International nutzen gemeinsame Lunchzeiten, um sich gegenseitig beim Lernen und Üben zu unterstützen - bei den Toastmasters geht es um die Kunst der freien Rede und effektive Kommunikation. Im agilen Umfeld heißen solche Veranstaltungen „Brown Bag Meetings" wegen der braunen Papiertüten, in denen man in den Vereinigten Staaten meist sein Sandwich bekommt. Ein Brown Bag Lunch ist hier eine selbst gestaltete Veranstaltung - ein Mitarbeiter berichtet über ein aktuelles Projekt oder über ein Thema, das er für wichtig oder spannend hält. Nach einem einführenden Vortrag wird dann über das Thema diskutiert, Dauer maximal eine

[10] N. N.: „Ab nach unten, Chef!", *https://www.t-online.de/finanzen/boerse/news/id_47703576/rtl-doku-undercover-boss-chefs-inkognito-in-der-eigenen-firma.html*, abgerufen am 31.05.2019

Stunde. Das Besondere an dieser Form ist die Gestaltung mit den Mitteln des Unternehmens oder der Teams – jeder kommt freiwillig, kein besonderes Essen, keine Einladungen an Vortragende, stattdessen selbst gestaltet, flexibel, kurz und knackig.

Ein weiteres Beispiel: Der „Working Out Loud Circle" ist eine Gruppe von etwa fünf Personen. Der Circle trifft sich einmal pro Woche für eine Stunde, maximal zwölf Wochen lang. Ziel ist, die Zusammenarbeit in einem Netzwerk offener zu gestalten und qualitativ zu verbessern. Es gibt fünf Grundsätze:

- Mache deine Arbeit sichtbar: Veröffentliche Ergebnisse.
- Verbessere deine Arbeit: Rückmeldung hilft.
- Leiste Beiträge: Biete großzügig Hilfe an.
- Baue ein soziales Netzwerk auf: Viele und interdisziplinäre Beziehungen bringen dich weiter.
- Arbeite zielgerichtet: Nutze das Potenzial der Gemeinschaft.

Pro Woche gibt es unterschiedliche Aufgaben, an denen jeder aus dem Team nach seinen Zielen arbeitet. Die Themen einiger Wochen als Auswahl: Woche 1: Schärfe deine Aufmerksamkeit. Woche 3: Mach drei kleine Schritte. Woche 7: Sei zielgerichtet. Für jede Woche gibt es gezielte Übungsprogramme, die von dem Team in der Stunde des Treffens abgearbeitet werden. Die Woche 4 hat beispielsweise diese Agenda:

Agenda Woche 4: Erlange Aufmerksamkeit	
Check-in	10 Minuten
Gruppenübung: Posteingangs-Empathie-Spiel	15 Minuten
Übung: Erlange Aufmerksamkeit	20 Minuten
Diskutiert eure Beiträge und wie ihr sie erstellt habt	10 Minuten
Teile deine Vorhaben	10 Minuten

Für die Übung „Erlange Aufmerksamkeit" sind dann folgende Überlegungen vorgeschlagen: Biete etwas an, das du interessant oder nützlich findest – aber formuliere diese Botschaft maximal empathisch: Zeige Aufmerksamkeit für den Empfänger. Benutze den Namen der Person. Erkläre, warum du an ihn gedacht hast. Sei so kurz und präzise wie möglich. Beschreibe den Vorteil für den Empfänger. Ende mit einer persönlichen Botschaft.[11] Letztendlich geht es hier also um die Verbesserung der partnerorientierten Kommunikation. Dazu ein Beispiel aus dem breiten Angebot an zusätzlichen Ressourcen, in diesem Fall handelt es sich um den Text einer Mail mit Link im Anhang:

---

[11] Nach: Stepper, J.: *Working Out Loud. Circle Guide. Woche 4. https://static1.squarespace.com/static/5602f08de4b0cb7ca5d4a933/t/5cb65bb8ec212d234a38ce23/1555454904598/WOL+Circle+Guide+-+Week+4+v5.0+-+German.pdf*, abgerufen am 31.05.2019

Subject: An article that might help your project

"Hi, Kelly.

I know you're busy with your new project, and when I saw this article (link below) I thought it might be helpful. Check out the last section in particular.

Good luck with the project! If you need anything, I'm happy to help.

John"[12]

Betr.: Ein nützlicher Artikel für dein Projekt

„Hallo Kelly,

ich weiß, dass Du viel in Deinem neuen Projekt zu tun hast. Als ich den Artikel las, dachte ich mir, er könnte Dir weiterhelfen - Link im Anhang. Achte besonders auf den letzten Absatz.

Viel Glück mit Deinem Projekt. Wenn Du Unterstützung brauchst, ich helfe gerne.

John" - eig. Übers.

Working Out Loud kann als Methode hilfreich sein, um Mitarbeiter mit dem Prinzip, aber auch mit vielen Techniken der gemeinsamen Arbeit im Team und über die Grenzen von Teams hinweg zu unterstützen.

Mit der Softwareentwicklung als Quelle gibt es einige generelle Arbeitsprinzipien als wichtige Merkmale zur erfolgreichen Anwendung der agilen Methode:

- Arbeit in gemischten Teams - die verschiedenen Spezialkenntnisse ergänzen sich gegenseitig, Fortschritte sind schneller möglich, weil alle Schritte durchdacht und probiert werden können.
- Schrittweises Vorgehen mit Feedbackschleifen - „release early, release often and listen to your customers"[13] bedeutet kontinuierliches Testen nach jedem Fortschritt und innige Abstimmung.
- Tägliche Meetings - zeiteffiziente, dafür regelmäßige Treffen stellen sicher, dass jeder im Team auf dem aktuellen Stand ist, der Austausch von Ideen wird gefördert.
- Retrospektiven - gleich wichtig sind von Zeit zu Zeit durchgeführte Reflexionen über das Erreichte, noch bestehende Probleme, Reden über die Zusammenarbeit, kurz: Lessons Learned als institutionalisierte Aufgabe.
- Merkmalgetriebene Entwicklung - Erfolg bedeutet, auf die Bedürfnisse der Kunden hin zu entwickeln, gestützt wird dieses Ziel durch intensiven Austausch mit dem Kunden.

---

[12] *https://workingoutloud.com/resources/week-4-earn-someone-elses-attention* - abgerufen am 31.5.19

[13] Raymond, E. S.: *The Cathedral & the Bazaar. Musings on Linux and Open Source by an Accidental Revolutionary.* Sebastopol 2001

- Co-Location – unterstreicht die Bedeutung räumlicher Nähe bei der Zusammenarbeit erfolgreicher Teams, Information fließt so informeller und schneller.
- Offenes Arbeiten – Fortschritte und Schwierigkeiten werden öffentlich gemacht, das reicht von für jeden einsehbaren Pinnwänden mit Plänen, stolz abgehakten erreichten Zielen bis zu offenen Fragen und Fehlern. Jeder erkennt, dass jeder immer wieder Fehler macht. Alle können von den Erkenntnissen profitieren und sich gegenseitig unterstützen.
- Coaching – Coaches sind entscheidende Treiber in der Veränderung, als Ideengeber oder Echowand. Mit ihrem Abstand zur eigentlichen Arbeit können sie andere Sichtweisen anbieten.

2.5 Hin zu mehr Agilität

- Agiles Handeln umfasst Kunden und Mitarbeiter
- Agilität verändert Strukturen und Prozesse
- Agiles Handeln ist radikal anders

Ganz sicher gibt es keine allgemeingültige und verbindliche Blaupause für den Umbau eines Unternehmens zur agilen Organisation. Es gibt allerdings erkennbare Übereinstimmungen unterschiedlichster Quellen.[14] Die haben wir in der Folge zusammengefasst. Zugleich finden Sie einige Anmerkungen, wie wir in unserem Projekt versuchen, diese Gedanken in die Praxis umzusetzen. Detaillierte Erläuterungen dazu finden Sie im Praxisteil unseres Buchs.

2.5.1 Agil und die Kunden

Der erste Schritt ist immer die Frage nach dem Kunden („Für wen schaffe ich Werte?“ – oder einfacher: „Für wen arbeite ich?“) und nach dem Weg der Wertschöpfung. Agile Unternehmen sind Unternehmen, die sich radikal auf den Kunden ausrichten. Die Vielzahl anderer Stakeholder wie Mitarbeiter, Partner oder Kommunen spielen weiter eine wichtige Rolle. Ein guter Weg ist die Zusammenarbeit mit Partnern – in gemeinsamen Projekten oder durch die Integration in beste-

[14] Moreira, M. E.: *The Agile Enterprise. Building and Running Agile Organizations.* Winchester 2017/Martlew, C.: *Changing the Mind of the Organization. Building Agile Teams.* Kilworth Beauchamp 2017/Deloitte (Hrsg.): *Organisation neu denken. Flexible Modelle für das digitale Zeitalter, https://www2.deloitte.com/content/dam/Deloitte/de/Documents/human-capital/Organisation-neu-denken-flexible-organisationsmodelle-2018.pdf/* McKinsey: "How to create an agile organization", *https://www.mckinsey.com/business-functions/organization/our-insights/how-to-create-an-agile-organization*

hende Vorhaben. Wir verwirklichen solche Ansätze beispielsweise in dem Ausbau des Ladesäulennetzes mit Partnern in unserem DDG:Incubate oder in der Vertiefung der Zusammenarbeit mit Tiefbau- und Montageunternehmen. Immer wieder wird die Bedeutung der Werte und der Vision als Grundlage für eine mögliche Veränderung betont. Sie werden finden, dass auch wir an dieser Stelle angesetzt haben – auf der Ebene der Pfalzwerke Gruppe.

2.5.2 Agil und die Struktur

Erfolgreiche agile Organisationen schaffen Flexibilität. Nicht selten neben der bestehenden Organisationsstruktur. So können sie einerseits das stabile Geschäft bewahren und andererseits den neuen gültigen Erfordernissen entsprechen. Auch die Pfalzwerke wollen ja weiterhin stabil und verlässlich unter Beachtung der zahlreichen Gesetze und Normen die Versorgung der Bevölkerung mit Energie und anderen Dienstleistungen sicherstellen. Darum haben wir eine Reihe Aktivitäten gestartet, die in lockerer Verbindung (evolutionäre Projekte im Rahmen der Initiative Digitale Transformation – IDT) zum Kerngeschäft der Pfalzwerke oder sogar losgelöst davon durch Start-up-Aktivitäten durchgeführt werden. So fällt es auch den Mitarbeitern leichter, sich mit den Veränderungen zu arrangieren. Wenn die Ansätze „an den Rändern der Organisation" erfolgreich sind, liegen die Argumente für weitergehende Veränderungen auf der Hand. Auch kann parallel an einigen Rollen gearbeitet und agile Methoden können Schritt für Schritt im Unternehmen eingeführt werden.

Das erlaubt uns auch, flexibel mit unseren vorhandenen und jeweils zusätzlich erforderlichen Personal- und Sachressourcen zu arbeiten. Ein wichtiges Merkmal agiler Organisationen ist die Fähigkeit, ihre Ressourcen dort einzusetzen, wie sie gerade aktuell am nötigsten gebraucht werden und den größten Fortschritt oder den größten Gewinn versprechen. Besonders in der Abstimmung sämtlicher Bereiche der Pfalzwerke Gruppe in unserem Team „Markt" setzen wir auf diesen Vorteil.

2.5.3 Agil und Mitarbeiter

- Agiles Handeln braucht wenig Führung
- Agile Führung bedeutet viel Vertrauen
- Agile Mitarbeiter tragen selber Verantwortung

Agiles Arbeiten erfordert den Weg hin zu flexibel und weitgehend autonom arbeitenden Teams. Viele Menschen übernehmen gerne Verantwortung, sie wollen sich engagieren, und viele sind bereit, den berühmten einen Meter mehr zu gehen – wenn es Klarheit über die Ziele gibt und wenn sie Unterstützung bekommen. Jedes Unternehmen kann von möglichst wenig Hierarchie und möglichst viel Flexibilität profitieren. Wir versuchen, diese Ansätze von der Organisation unserer Aktivitäten (zum Beispiel in Leuchtturminitiativen) über die Inhalte (Trainings oder Workshops für Führungskräfte und Mitarbeiter) bis zu kontinuierlicher Unterstützung im Alltag (Veränderungsbegleiter) zu realisieren. Je mehr insbesondere Führungskräfte ihr Verständnis der Aufgaben hin zum eigentlichen Führen und Coachen entwickeln können, desto größer sind die Chancen, in zukunftsorientierten Arbeitsformen mit verantwortlichen Teams eine gute Antwort auf die Frage nach einem Mehrwert für den Kundennutzen zu geben.

Elemente dieser agilen Führung sind:

- Flache Hierarchien mit dem Ziel selbststeuernder Teams.
- Aufgabenorientierte und über Funktionen hinweg gemischte Teams.
- Flexible Aufgaben und wechselnde Teams.
- Klare Rollen mit sauber definierten Verantwortlichkeiten.
- Unterstützung beim Erwerb der notwendigen Kompetenzen.
- Entscheidungsfähigkeit auf Teamebene.
- Fehlerkultur mit absoluter Lernorientierung.
- Coaching und Entwicklungspartnerschaften auf allen Ebenen.
- Offene Räume für den Austausch – tatsächlich und virtuell.

Ziel der Entwicklung in agil arbeitenden Unternehmen sind autonome Teams mit klar definierten Zielen. Die Menschen arbeiten in diesen multidisziplinär besetzten, selbstorganisierenden Teams zusammen. Sie haben klare Ziele, sind aber frei in der Entscheidung, wie sie diese Ziele erreichen wollen. Jeder im Team hat das Recht, Entscheidungen zu treffen, und die Pflicht, Verantwortung zu übernehmen. Was ist mit diesen autonomen Teams gemeint?

Ein Zitat von Wayne Rosing, fünf Jahre lang Vice President of Engineering bei Google, beschreibt den dort gewählten Weg:[15] „We had management in engineering. And the structure was tending to tell people, 'No, you can't do that.' So Google got rid of the managers. Now most engineers work in teams of three, with project leadership rotating among team members. If something isn't right, even if it's in a product that has already gone public, teams fix it without asking anyone. For a while, I had 160 direct reports. No managers. It worked because the teams knew what they had to do. That set a cultural bit in people's heads: You are the boss. Don't wait to take the hill. Don't wait to be managed. And if you fail, fine. On to the next idea. There's faith here in the ability of smart, well-motivated people to do the right thing" ("Wir hatten Führungskräfte für die Ingenieure. Und diese sagten den

---

15) Medinilla, A.: *Agile Management. Leadership in an Agile Environment.* Berlin 2012, S. 105

Leuten immer: ‚Nein, das geht so nicht.' Also hat Google die Manager abgeschafft. Jetzt arbeiten die meisten Ingenieure in Dreierteams, die Leitung der Projekte rotiert im Team. Wenn etwas nicht gut ist, bringen die Teams das in Ordnung, auch bei einem bereits implementierten Produkt. Sie brauchen niemanden um Erlaubnis zu fragen. Eine Zeit lang hatte ich 160 mir direkt unterstellte Mitarbeiter. Keine Führungskräfte. Das hat den Leuten eine klare Botschaft vermittelt: Du bist der Chef. Warte nicht ab, ob du den Hügel stürmen sollst. Warte nicht auf Anweisungen. Und wenn es nicht klappt, auch gut. Weiter zur nächsten Idee. Wir haben Vertrauen in die Fähigkeiten unserer klugen, gut motivierten Leute, dass sie schon das Richtige tun" – eig. Übers.).

Das klingt vielleicht ein bisschen einfach – als Ziel ist es gleichwohl wertvoll. Und warum sollten unsere Mitarbeiter nicht ebenso klug und motiviert sein wie die Menschen bei Google? Selbstorganisierende Teams brauchen abgestimmte Ziele, weniger Regeln, Vertrauen in ihr Verantwortungsbewusstsein und die nötigen Werkzeuge.

2.5.4 Agile Organisationen

Agilität bedeutet …

- … schnell zu handeln
- … flexibel zu sein
- … Fehler zuzulassen und sofort zu korrigieren

Agile Unternehmen zeichnen sich durch Flexibilität und Tempo aus. Dementsprechend müssen Entscheidungen schnell getroffen werden, mit der Bereitschaft, Fehler zu machen und einen neuen Anlauf zu wagen. Gerade von Start-ups können wir lernen, dass sie dann erfolgreich sind, wenn sie schnell und mit hoher Fehlertoleranz arbeiten. Schnelle kurze Zyklen sorgen auch dafür, dass falsche Entscheidungen zwar Rückschläge bedeuten, dass sie sich aber auch schnell wieder korrigieren lassen. Lernen aus Fehlern muss dann ebenso schnell gehen. Diese Art der Arbeit muss im Idealfall ihren Platz auf allen Ebenen des Unternehmens finden. Wir glauben daran, dass es nur den Weg nach vorne gibt. Entwicklungen wie die Digitalisierung werden zu einer noch stärkeren Beschleunigung und zu noch weiterem Anwachsen der Komplexität führen. Wir können uns in diesem Umfeld nur behaupten, wenn auch wir noch schneller und noch flexibler werden. Das bedeutet in der Konsequenz mehr Entscheidungen und mehr Fehler, aber auch mehr Chancen und mehr Ansatzpunkte für zukünftig erfolgreiches Geschäft.

Auch die Strategie von Unternehmen orientiert sich zukünftig an kürzeren Zyklen und muss zu schnelleren Änderungen fähig sein. Fünf-Jahres-Pläne oder Jahresziele sind in vielen Bereichen der Wirtschaft nicht mehr sinnvoll. Wie wollen wir beispielsweise planen, welche Ideen das Innovationsteam hervorbringt und wie sich diese entwickeln? Wenn wir dann allerdings einen vielversprechenden Vorschlag haben, der womöglich den „Proof of Concept“ auch noch erfolgreich besteht, gibt es nur die Alternative, profitabel zu verkaufen oder gemeinsam mit anderen oder alleine kräftig zu investieren. Eine Entscheidung, die vollkommen unabhängig von einer längerfristigen Strategie zu treffen ist.

Agile Organisationen ermöglichen und erleichtern Kommunikation - zwischen Menschen, in Teams und über Schnittstellen hinweg. Jeder sollte die Möglichkeit haben, bei Bedarf mit jedem zu „reden“. Der offene Zugang zu Informationen für jeden ist ein weiteres Merkmal guter Kommunikation. Die Planung oder Fortschritte im Team, die Leistung und auch die Fehler - alles ist für jeden zugänglich. Das Unternehmen steht in der Pflicht, die notwendigen Werkzeuge (wie zum Beispiel Plattformen im Intranet oder Coworking Spaces) oder Kompetenzen (wie zum Beispiel durch Trainings oder Coachings) für erfolgreiche Kommunikation bereitzustellen.

Erfolgreiche agile Organisationen sind zielorientiert. Wenn ich den Kunden und seine Bedürfnisse zum Dreh- und Angelpunkt meines Handelns mache, muss ich mich natürlich auch daran messen lassen, wie gut ich diese Bedürfnisse befriedige. Kundenmeinungen, Verkaufszahlen, Bewertungen sind entscheidende Weichenstellungen für die Arbeit. An den Ergebnissen muss sich jeder messen lassen. Dies gilt für die etablierten Marktbereiche unserer Unternehmensgruppe ebenso wie für die unterstützenden internen Services, für die der Kollege Kunde ist. Aber auch in unseren Innovationsprojekten und Leuchtturminitiativen haben wir diese Zielorientierung als Maxime ausgegeben und verbindlich mit allen Akteuren vereinbart.

Mit all den beschriebenen Elementen fördern agil arbeitende Organisationen das Denken in Systemen. Systeme zu erkennen und zu begreifen ist schwierig, das haben wir bereits beschrieben. Handeln in Systemen ist eine noch größere Herausforderung. Die Auflösung hierarchischer Strukturen und die Arbeit in flexiblen Teams ist ein wesentliches Element, um den Systemcharakter des Unternehmensumfelds abzubilden. Vernetzung als generelles Organisationsprinzip von Systemen ist so wesentlich leichter möglich. Mitarbeiter lernen zwangsläufig, über ihr unmittelbares Silo hinauszudenken - konsequent zu Ende gedacht bedeutet dies, dass es keine statische Job Description und keinen fest Platz in der Abteilung mehr gibt. Aktuell gibt es das bei den Pfalzwerken noch. Es ist jedoch unsere feste Überzeugung, dass dies nicht mehr zum Erfolg führen wird und damit zwangsläufig verschwinden muss. Das ist unser Zielbild.

Wir sind auf einem guten Weg, wenn immer mehr Mitarbeiter die Möglichkeiten, aber auch die Verpflichtungen von Autonomie, Verantwortung und gemeinsamem

Denken und Handeln verstehen. Die richtige Unterstützung durch die Führungskräfte ist dafür wesentlich. Das richtige Arbeitsumfeld mit den geeigneten Ressourcen und Methoden schlussendlich fördert das an Systemen orientierte Denken und Handeln der Mitarbeiter.

Das Ziel ist damit formuliert – wir glauben, dass wir auf dem Weg sind. Wir schildern Ihnen in den folgenden Kapiteln, was wir – mit allen Einschränkungen – bisher umsetzen konnten und wie wir das getan haben.

3 Intermezzo: Die Pfalzwerke arbeiten schon agil – zum Teil

- Der Markt ändert sich
- Darum muss sich jedes Unternehmen verändern
- In erfolgreichen Projekten arbeiten wir schon jetzt mit agilen Methoden
- Beispiele aus der Pfalzwerke Gruppe

3.1 Veränderung ist die Regel

- Mitarbeiter wissen oft, wie es geht
- Erfolg ist immer auch die Wahl der richtigen Mittel
- Bei ausreichend Freiraum nutzen sie geeignete Methoden

Wir haben es bereits im Vorwort geschrieben: Die Energiebranche verändert sich radikal: Die regulatorischen Anforderungen sind strenger geworden, ein starker Ausbau der erneuerbaren Energien, Liberalisierung, Regulierung, Energiewende und Digitalisierung folgten schnell aufeinander – eine politisch motivierte Reparaturkaskade ohne erkennbare energiepolitische Strategie. Die Liberalisierung der Märkte begünstigt den Einstieg weiterer Akteure, es gibt eine zunehmend größere Zahl von Marken, Kunden stellen höhere Erwartungen an Angebot und Service.

Diese veränderten Bedingungen stellen eine Herausforderung für alle Energieversorger dar. Es geht um neue Denkansätze, andere Wertschöpfungsketten, eine erneuerte Unternehmenskultur – kurz: Wir brauchen einen Transformationsprozess für das ganze Unternehmen.

Traditionelle hierarchisch organisierte und bürokratisch handelnde Organisationen brauchen zu viel Zeit, Entscheidungen zu treffen und umzusetzen. Unternehmen müssen schneller werden – im Lernen und im Handeln. Das bedeutet agiles

Handeln - schnell entscheiden, sich schnell verändern und Fehler flexibel korrigieren. Im Idealfall kann eine agile Organisation zukünftige Veränderungen antizipieren. Damit ist sie ihren Wettbewerbern einen Schritt voraus. „Agil“ umfasst die gesamte Organisation - Werte, Prozesse, Verhalten. „Agil“ geht nur mit einer entsprechenden Haltung der Führungskräfte und Mitarbeiter. Im zweiten Kapitel dieses Buches haben wir das Thema ausführlich dargestellt. Natürlich haben wir schon in der Vergangenheit Veränderungen vorangetrieben. Klassische Projekte wie Kostenoptimierung, doch ebenso neue und dynamische Projekte, in denen wir bereits agile Methoden eingesetzt haben.

Branche und Berater sind sich einig, dass die Zukunft eine Veränderung hin zum Dienstleister und Anbieter von Lösungspaketen verlangt. Gute und damit erfolgreiche Ideen orientieren sich an den wirklichen Bedürfnissen der Zielgruppe. Innovative und erfolgreiche Angebote, Produkte und Prozesse lassen sich nur mit klarer Orientierung am Kunden entwickeln. Erfolgreiche Projekte der Vergangenheit wiesen genau diese Merkmale auf: Sie ähnelten in ihrem Vorgehen den Prinzipien agilen Handelns, waren bereichsübergreifend angelegt und wurden vom Team mit viel Eigenverantwortung umgesetzt. Dass diese Techniken sich bewährt haben, hat uns darin bestärkt, den „großen Wurf“ zu wagen und das ganze Unternehmen konsequent(er) agil auszurichten.

3.1.1 Projektbeispiel „FLOW-R“

- Wissenschaft und Technik verbinden
- Mehrere Unternehmen als Partner
- Praxistest als „Proof of Concept“

Die Pfalzwerke sind schon länger aktiv an Forschungs- und Innovationsprojekten beteiligt. Diese Projekte hatten in der Vergangenheit vorwiegend die Suche nach Lösungen für Themen der Energiewirtschaft zum Inhalt. Gemeinsam mit der Technischen Universität Kaiserslautern und Partnern aus der Industrie wurde beispielsweise das Projekt FLOW-R durchgeführt.[1] Das Akronym steht für den Begriff „Flexibler Ortsnetz-Spannungs- und Wirkleistungs-Regler“. Worum geht es dabei? Der Strom für die deutschen Haushalte kommt zu etwa 65 Prozent aus Niederspannungsnetzen. Überschreitet die Spannung einen bestimmten Wert, kann es zu Schäden an Geräten wie Kühlschrank oder Computer kommen. Wenn zu viel Strom fließt, sind durch Überhitzung auch Schäden am Netz möglich, im Extremfall kann es zu Versorgungsunterbrechungen in Teilbereichen des Netzes kommen. Während die Einspeisung aus Fotovoltaikanlagen gegen Mittag erhöhte Anforderungen

[1] *https://www.energiespektrum.de/index.cfm?pid=2108&pk=178450/https://www.elektroniknet.de/elektronik/power/neuer-regler-verteilt-strom-einfach-und-effizient-im-netz-149546.html*

an die Aufnahmefähigkeit des Netzes stellt, wird am frühen Abend, wenn viele Hausgeräte wie Waschmaschinen oder Fernseher eingeschaltet werden, verstärkt elektrische Energie aus dem Netz entnommen. Noch schwieriger kann die Lage werden, wenn in Zukunft zusätzlich viele Elektromobile mit hoher Gleichzeitigkeit aus dem Netz geladen werden.

Wohngebiete werden überwiegend durch vermaschte Netze versorgt, das sind Versorgungsnetze, in denen Strom gleichzeitig über mehrere Stränge zum Verbrauchspunkt fließt, welche über Netzwerkknoten miteinander verbunden sind. Die Lösung besteht in einem intelligenten Netzregler, der die Verteilung des Stroms misst und automatisch steuert. Die Leistung wird dann in weniger belastete Leitungen innerhalb des Netzes verschoben. Prototypen wurden bereits erfolgreich getestet. Unser Kollege Dr. Stefan Lang wurde für seine Arbeit mit dem Titel „Konzeption einer Spannungs- und Wirkleistungsreglung für vermaschte Niederspannungsnetze“ mit dem zweiten Preis beim Wettbewerb des „Energie Campus 2017“ der Stiftung „Energie und Klimaschutz“ ausgezeichnet. Neben der Universität waren auch der Hersteller Walcher, das Technikunternehmen Power Plus Communications und natürlich die Pfalzwerke beteiligt. Vom Bundesministerium für Wirtschaft und Energie gab es Fördergelder.

Dieses Projekt ist ein Beispiel dafür, wie neue Ideen und Produkte möglich werden, wenn wir das Know-how von Technologieunternehmen und Wissenschaft bündeln.

3.1.2 Projektbeispiel „Elektromobilität“

- Erfolgreiche Umsetzung mit externen Partnern
- Bereichsübergreifende Zusammenarbeit
- Komplexität erfolgreich gemeistert

Um Elektromobilität besser fördern zu können, wird immer wieder eine größere Dichte und bessere Zugänglichkeit von Ladestationen angemahnt. Nur so kann die Elektromobilität weiter vorangetrieben werden. Für die Pfalzwerke Gruppe ist Elektromobilität ein strategisches Zukunftsthema. Bisher haben wir seit 2017 mehr als 100 öffentliche Ladepunkte auf kommunalen Liegenschaften realisiert. Stand heute (Juni 2019) betreiben die Pfalzwerke eines der größten öffentlichen Schnellladenetze für Pkw in Rheinland-Pfalz. Unser Ziel sind 350 Ladepunkte für Elektrofahrzeuge im Jahr 2020. Die Pfalzwerke kooperieren mit Partnern aus dem kommunalen oder gewerblichen Bereich, um ausreichend viele Standorte zu sichern.[2] Strategische Partnerschaften zum deutschlandweiten Aufbau der Ladeinfrastruktur wurden unter

---

2) Chassein, R.; Raquet, C.: „Digitale Transformation – neues Handeln für innovative Lösungen“. In: Doleski, O. D. (Hrsg.): Realisierung Utility 4.0. – Praxis der digitalen Energiewirtschaft vom Vertrieb bis zu innovativen Energy Services. Bd. 1. Wiesbaden: 2019

anderem mit der Baumarktkette HORNBACH oder Einzelhandelsunternehmen wie REWE und WASGAU geschlossen. Auch für Privatkunden bieten wir ein umfassendes Produktportfolio an – von der Wallbox mit Installationsservice bis zu günstigen Stromtarifen für Elektromobile. Nur mit einer ausreichend guten Abdeckung können wir die Elektromobilität nachhaltig unterstützen. Das Projekt ist komplex: Neun Bereiche und Tochterunternehmen sind beteiligt, allein in der Projektorganisation sind mehr als 25 Mitarbeiter tätig. Die Projektziele richten sich konsequent am Bedarf des Kunden aus – interdisziplinär agierende Teams bearbeiten in enger Abstimmung unterschiedliche Kundensegmente. Gemeinsam laden die Vertriebseinheiten beispielsweise zum Elektromobilitätstag ein, legen Leads zusammen und bereiten die Veranstaltung gemeinsam vor. Die erste Veranstaltung wurde denn auch zu einem großen Erfolg: Für uns ergaben sich eine Reihe neuer Kontakte und einige der bisher größten Projekte im Bereich der Elektromobilität. Die Zwischenbilanz ist positiv. Mit dem Einsatz agiler Methoden, einer intensiven Beteiligung der Mitarbeiter und viel Eigenverantwortung in den Teams konnten wir tatsächlich einiges schneller und besser machen. Die Pfalzwerke bauen das Thema Elektromobilität konsequent weiter auf und haben aus dem Projekt eine Strategie zur Elektromobilität abgeleitet.

3.1.3 Projektbeispiel „Digitales Marketing“

- Neue Rollen führen zu neuen Lösungen
- Digitale Methoden erfolgreich angewendet
- Erfolg durch kleine Schritte

Das veränderte Kundenverhalten zwingt Unternehmen, künftig kundenzentriert(er) zu denken. Produkte werden aus Kundensicht entwickelt und gestaltet. Dazu muss sich die jetzt schon praktizierte bereichsübergreifende Zusammenarbeit zu eigenständigen Teams aus Mitgliedern der benötigten Know-how-Felder – zum Beispiel Marketing, Vertrieb, IT – entwickeln. Das bedeutet eine konsequent auf den Kunden ausgerichtete Struktur statt der traditionellen Bereiche gemäß der heutigen Aufbauorganisation. Als erste Schritte wenden wir bereits jetzt agile Arbeitsmethoden an, Kampagnen und Kommunikationsmaßnahmen werden kontinuierlich getestet und modifiziert. Neue Ansätze erproben wir in kleinen „Experimenten“ – schnell und flexibel.[3] Mit unserer neuen Online-Plattform haben wir beispielsweise eine Kampagne für ein neues B2B-Wärmeprodukt realisiert. Wir entschieden uns, ausschließlich online zu agieren – eine Website mit zielgruppenspezifischem Content, ein eigens für die Kampagne konzipiertes Whitepaper, Online-Newsletter, Google

[3] Schmitt, S.; Hitschler, W.: „Utility 4.0 – Digitales Marketing als Katalysator für die interdisziplinäre Zusammenarbeit“. In: Doleski, O. D. (Hrsg.): Realisierung Utility 4.0. – Praxis der digitalen Energiewirtschaft vom Vertrieb bis zu innovativen Energy Services. Bd. 1. Wiesbaden: 2019

Ads, Business Ads sowie Bannerwerbung im Displaynetzwerk von Google und weiteren Providern. Das Projekt war erfolgreich, und auch das neue Teamverständnis hat sich bewährt - weg von der Rolle des Vertriebs als Auftraggeber und dem Marketing als Auftragnehmer hin zu einem bereichsübergreifenden Team, in das jeder mit einem gemeinsamen Ziel seine Fähigkeiten einbringt.

3.1.4 Projektbeispiel „Scrum"

- Scrum als Blaupause für agiles Handeln
- Konsequente Anwendung ...
  ... und Schulung in der IT

Klassisches Projektmanagement stößt immer wieder an seine Grenzen - besonders in hochkomplexen Umfeldern wie der IT. Geschätzt jedes zweite Projekt hält die zeitlichen Ziele nicht ein, etwa jedes dritte wird ohne greifbares Ergebnis beendet. Von erfolgreich umgesetzten Projekten weiß man, dass etwa vier von zehn realisierten Funktionen nie oder kaum benutzt werden. Traditionell gemanagte Projekte leiden unter langen Spezifikationsphasen, langen Release-Laufzeiten, hohem Dokumentationsaufwand, nicht immer ausreichend gutem Handover und oft fehlenden oder nicht ausreichend gut realisierten Funktionalitäten.

Agile Methoden entstanden - gerade darum? - zunächst in der Softwareentwicklung. Design Thinking[4] wird als Problemlösen mit radikaler Kundenorientierung, als ganzheitliches Konzept zur kreativen Lösung von Aufgabenstellungen verstanden. Erste Ansätze datieren aus den 1970er-Jahren. Seinen Ursprung hat Design Thinking - natürlich - in Kalifornien. An der Stanford University gibt es den legendären Kurs ME310[5]: „ME310 is the course, where Students from Stanford University and Leading Global Universities tackle Design Innovation Challenges posed by Global Corporations"[6] („Im Kurs ME310 stellen sich Studenten der Stanford University und anderer weltweit führender Universitäten den Herausforderungen globaler Unternehmen zur Entwicklung innovativer Lösungen" eig. Übers.). Der erste Laptop-Computer oder die Apple-Computermaus wurden mit Techniken des Design Thinking entwickelt, das aktuellste Beispiel mit internationalem Erfolg ist vielleicht die E-Zigarette von Juul.[7] Diesen Namen trägt diese Methode übrigens erst seit 2003. Eine als gut anerkannte Lösung muss die Faktoren Mensch, technische Machbarkeit und Ressourcen gleichberechtigt einbeziehen. Nur dann kann

---

[4] Z. B. Lewrick, M.; Link, P.; Leifer, L.: *Das Design Thinking Playbook*. München 2017

[5] Z. B. *https://web.stanford.edu/group/me310/me310_2018/ME310CorporateBrochure2012-13.pdf*, Download am 22.05.2019

[6] *https://web.stanford.edu/group/me310/me310_2018/*, abgerufen am 22.05.2019

[7] Souza Soares, P. A. d.: „Der andere Elektro-Boom". In: *manager magazin* 6/2019, S. 98 - 102

eine Innovation funktionieren. Nur erfolgreiche Ideen sind gute Ideen. Erfolgreiche Ideen erfüllen wirkliche Bedürfnisse der Zielgruppe. Markterfolg ist das entscheidende Merkmal einer Innovation.

In der Softwareentwicklung kennt man das iterative Vorgehen des Design Thinking auch als Scrum-Prozess (nach ISO-Norm 13407). Es gibt die Phasen „Planung Prozess" – „Analyse Nutzungskontext" – „Spezifizierung Nutzeranforderungen" – „Prototyp" – „Evaluation". Ein Durchlauf dieser Phasen wird bei Scrum „Sprint" genannt. Am Ende jedes Sprints steht ein lieferbares Ergebnis, das bereits mit dem User getestet wurde. Neben den Arbeitsergebnissen wird auch der Prozess selber kontinuierlich überprüft und verbessert.

Jedes Softwareprojekt wird in kurze Intervalle (mit einer Laufzeit von meist 30 Tagen) aufgeteilt, die jeweils für sich genommen lauffähig sind. Diese Teile werden in einem Sprint erstellt und sofort getestet. Das Team organisiert sich selbst – es entscheidet über die Aufteilung des Projekts oder über die erforderlichen Kompetenzen und Ressourcen. Im Team gibt es zwei besondere Rollen, den Product Owner, den Scrum Master und eben das Team. Der Product Owner verantwortet die fachlichen Aufgaben und die Ressourcen, er priorisiert Aufgaben und bewertet die Zielerreichung. Der Scrum Master fördert den Einsatz agiler Methoden und gibt darauf acht, dass die Regeln eingehalten werden. Er coacht den Product Owner. Die Aufgaben sind mit der Rolle verbunden, die Rolle kann zwischen den einzelnen Sprints wechseln. Zentral ist die tägliche bewusst kurz gehaltene Kommunikation. In meist 15-minütigen Meetings wird berichtet, was seit dem letzten Treffen getan wurde und was bis zum nächsten Treffen geplant ist. Nachdem ein Teilziel erreicht wurde, gibt es ein weiteres Treffen, um den Prozess und den Status zu bewerten. Kunden nehmen an diesen Meetings teil und können sich beteiligen.

Der Begriff „Scrum" kommt übrigens aus dem Rugby und bedeutet „Gedränge". Ein Gedränge findet dann statt, wenn das Spiel nach einem kleineren Regelverstoß neu gestartet wird.

Die Pfalzwerke Netz AG arbeitet seit einiger Zeit in der IT mit dem Verfahren und hat gute Erfahrungen gemacht. In den relevanten Kriterien Zeit, Kosten und Qualität konnten wir uns deutlich verbessern. Für unsere Mitarbeiter führen wir regelmäßig Scrum-Schulungen durch und ermuntern sie zur Zertifizierung als „Professional Scrum Master".[8]

Die „virtuelle Organisation Netz" (vON) – verantwortlich für die IT-Dienstleistungen (und ebenso für Prozesse, Datenqualität, ISMS und mehr) der Pfalzwerke Netz AG – hatte lange mit unklaren Rollen, intransparenten Prozessen sowie mangelhafter Transparenz im Projekt- und Portfoliomanagement und der daraus resultierenden schlechten Wahrnehmung innerhalb des Unternehmens zu kämpfen. Durch den Ein-

---

8) Vgl. *https://www.scrum.org*

satz agiler Methoden ist es uns gelungen, ein professionelles Multiprojektmanagement zu etablieren und alle notwendigen Organe über Workflows einzubinden. Die Akzeptanz der vON wurde deutlich verbessert, die Profilierung ist gelungen - aufgrund verbesserter Leistungen. Daneben gibt es deutlich verbesserte Transparenz hinsichtlich der IT-Strategie und der aktuellen Projekte im IT-Umfeld.

3.1.5 Projektbeispiel LoRaWAN

Das Internet of Things (IoT) nutzt die Vernetzung smarter Geräte mit Aktoren und Sensoren. Sie können Ihre Heizung beispielsweise via Smartphone vom Arbeitsplatz aus regeln. Die Kommunikation findet über das Internet und Ihr WLAN-Netz statt. Die Reichweite ist allerdings begrenzt. LoRaWAN ist das Akronym für „Long Range Wide Area Network". Dieser Begriff bezeichnet Netzwerke von bis zu 50 Kilometern Ausdehnung, in denen smarte Endgeräte energieeffizient, sicher und auch über große Entfernungen in Verbindung bleiben können. Die Pfalzwerke bauen mit LoRaWAN ein Netzwerk auf Funktechnikbasis in der gesamten Region aus. Aktuell werden einige Anwendungen erprobt: Der Winzer Marcel Sambale-Lergenmüller hat mit seiner Vineyard Cloud eine Anwendung für Winzer entwickelt, die Arbeitsplanungen erleichtert und gezielte Auswertungen ermöglicht, um die Arbeiten rund um den Weinberg effizienter zu gestalten. In einer Schlagkartei („Schlag" = Flurstück) ist erfasst, welche Parzellen zum Weingut gehören oder welche Rebsorten angebaut sind. Durch Sender in den einzelnen Schlägen können die verrichteten Arbeiten via Smartphone dokumentiert werden, durch die Integration von Wetterdaten lässt sich der Einsatz optimieren. Andere Anwendungsmöglichkeiten sind die Überwachung des Füllstands für Glascontainer in einer Gemeinde oder das Aufzeigen von Lecks im Wasserversorgungsnetz. LoRaWAN ist ein Beispiel für ein Projekt, das digitale Themen und konkrete Bedürfnisse unserer Kunden über die Energieversorgung hinaus proaktiv und schnell erfolgreich aufgegriffen hat.

3.2 Agil geht - wir machen es zum Teil doch schon

Bereits in der Vergangenheit haben die Pfalzwerke in unterschiedlichen Projekten agile Methoden eingesetzt - und zwar erfolgreich. Die gesammelten Erfahrungen haben uns geholfen, die Veränderungen in der gesamten Gruppe zu starten. Mehr noch, die positiven Erfahrungen waren einer der hauptsächlichen Gründe, den Sprung ins kalte Wasser zu wagen.

4 Agile Veränderung braucht Verankerung

- Verankerung gelingt über „weiche" Faktoren - Werte und Führung
- Veränderung muss in der täglichen Arbeit sichtbar werden
- Veränderung betrifft Verhalten und Haltung

4.1 Die Werte der Pfalzwerke Gruppe

- Werte sind Leitplanken für das Handeln
- Werte müssen aktuell sein
- Werte müssen gelebt werden

Organisationswissenschaftliche Studien zeigen immer wieder, dass ein erheblicher Teil der Unternehmensleistung von der Zufriedenheit der Mitarbeiter abhängt. Der Brite Richard Barrett beispielsweise schrieb das in seinem Buch *Liberating the Corporate Soul*, das 1998 für Furore sorgte.[1] Richard Barretts kleines Buch über die Sinnsuche im Management hatte international so großen Erfolg, dass ihn die Weltbank daraufhin zu ihrem Koordinator für Grundwerte machte. „Die Proklamation von Werten dient also als Chance für jeden Einzelnen ... indem sie einen Wertekanon proklamieren, an dem man sich orientieren kann", schreibt Professor Dieter Frey, Leiter des Center for Leadership and People Management an der Ludwig-Maximilians-Universität München.[2] Alle erfolgreichen Unternehmen werden von einer starken Idee getragen. Diese Vision kann dann erfolgreich umgesetzt werden, wenn das Zukunftsbild allen vertraut ist und von allen unterstützt wird. Die Fähigkeit, ein solches Zukunftsbild zu gestalten und als gemeinsames

---

1) Barrett, R.: *Liberating the Corporate Soul. Building a Visionary Organization.* Woburn 1998

2) Frey, D. (Hrsg.): *Psychologie der Werte. Von Achtsamkeit bis Zivilcourage.* Heidelberg 2016, S. 3

Bild in das Tagesgeschäft zu übersetzen, verschafft den entscheidenden Wettbewerbsvorteil. Ein Bild sagt mehr als tausend Worte!

Jedes Unternehmen hat eine spezifische Kultur. Es verfügt über Werte, Normen und Regeln. Diese Unternehmenskultur - ob bewusst oder unbewusst - bestimmt, wie sich das Unternehmen nach außen darstellt, wie die Mitarbeiter miteinander umgehen und vieles mehr. Unternehmen lassen sich darum über die Unternehmenskultur formen. Machen Sie Ihre Werte klar, kommunizieren Sie diese kurz und prägnant an die Mitarbeiter und arbeiten Sie gemeinsam an den Schlüsselfragen: Was wollen Sie tun? Wie wollen Sie es tun? Warum auf diese Art und Weise? Hilft es uns, erfolgreich zu sein? Diskutieren Sie mit Führungskräften und Mitarbeitern die Werte und geben Sie Raum für gemeinsame Interpretationen. Die „Wertefindung" ist ein fortlaufender Prozess der Kommunikation auf allen Ebenen des Unternehmens. Die Werte formulieren die grundlegenden Prinzipien des Unternehmens, den Mitarbeitern vermitteln sie ein Gefühl von Identität und Zugehörigkeit, Kunden und Partnern machen Sie die Maßstäbe Ihres Handelns deutlich. Werte werden an ihrer Relevanz und an dem Grad der Umsetzung in die Praxis gemessen.

Wesentliche Ziele sind:

- Wertvorstellungen des Unternehmens definieren,
- Selbstverständnis und Handlungsrahmen für alle Mitarbeiter verdeutlichen,
- Kernaussagen zur Entwicklung des Unternehmens,
- Identifikation mit dem Unternehmen fördern,
- Führung und Zusammenarbeit verbessern.

Die Aufgabe der Führung besteht darin, den Kommunikationsprozess zu gestalten und am Leben zu halten und so den Abstand zwischen der Vision und der erlebten Alltagswirklichkeit zu überbrücken. Werte sind Leitplanken für das Handeln und unseren Umgang miteinander im täglichen Arbeitsalltag. Vor allem dann, wenn schwierige Entscheidungen zu treffen sind, dienen sie uns als Kompass. Sie formulieren unser Verständnis davon, wie wir unsere Arbeit machen und unsere Ziele erreichen wollen. Werte haben nur dann „einen Wert", wenn sie gelebt werden. Werte kann man nicht verordnen, man muss sie leben - jeden Tag. Es liegt daher an jedem in der Pfalzwerke Gruppe, seinen Anteil beizutragen. Werte sind dann mehr als Worte, wenn sie in unseren Taten erkennbar sind und erlebt werden können, intern ebenso wie extern. Führungskräfte spielen dabei eine besondere Rolle als Vorbild, Unterstützer und auch als Treiber. Mitarbeiter und Führungskräfte sehen Werte als wichtige Elemente der Führung und Zusammenarbeit. Zwei Drittel der in einer großen Studie befragten Führungskräfte setzen auf Ethik und Werte zur Mitarbeitermotivation.[3]

---

[3] IBM: *Führen durch Vernetzung. Ergebnisse der Global Chief Executive Officer (CEO) Study*. Ehningen 2012

4.1.1 Werte neu gestalten

- Es gibt formale und emotionale Gründe für Werte
- Werte müssen aktuell sein
- Wir wollen prägnant formulierte Werte

In der Pfalzwerke Gruppe gibt es natürlich „schon immer" Werte als Leitlinien für das Unternehmen, ebenso gab es Leitlinien für Führungskräfte und Mitarbeiter. Zwei auf den ersten Blick unabhängige Faktoren haben uns motiviert, die Unternehmenswerte neu in den Fokus zu nehmen. Da war zum einen natürlich unser Ziel, die Gruppe zukunftsorientiert neu aufzustellen. Dazu braucht es aktuelle und inhaltlich angepasste Werte. Zum anderen hat der Gesetzgeber mit § 93 Aktiengesetz (unter anderem) angemahnt, dass ein Vorstand ein Überwachungssystem zur Früherkennung bestandsgefährdender Risiken einrichtet.[4] Das allgemeine Risikomanagement quantifiziert bestandsgefährdende Risiken und bewertet diese mit Wahrscheinlichkeiten für den Eintritt. Daneben ist ein Compliance Management System (CMS) erforderlich. Ein effizientes CMS soll die Regeltreue gewährleisten, Gesetzesverstöße vermeiden und die Einhaltung rechtlicher Vorgaben sicherstellen. Darum hat es natürlich die Unternehmenskultur und die formulierten Werte als zentralen Bestandteil - schließlich ist die Unternehmenskultur ganz entscheidend dafür, dass die Regeln eingehalten werden. Die Einstellung der Führungskräfte und Mitarbeiter ist für den Erfolg eines solchen Risiko-Früherkennungssystems entscheidend.

Bei der Analyse der vorhandenen Leitbilder ergab sich ein komplexes Bild: Es gab ein Unternehmensleitbild, dazu getrennte Leitbilder für Führungskräfte und Mitarbeiter. Alle waren in intensiver Arbeit mit Beteiligung aller Gruppen des Unternehmens in Workshops mit vielen intensiven Debatten erarbeitet worden.

An erster Stelle stand das Unternehmensleitbild als Fundament, auf dem die anderen Leitbilder aufbauten. Auszüge aus den insgesamt zehn Aussagen:

- Wir bieten unseren Kunden und Partnern innovative Lösungen.
- Wir übernehmen Verantwortung gegenüber Kunden, Mitarbeitern und der Region.
- Wir stellen uns flexibel und aktiv auf Veränderungen ein.
- Wir bemühen uns um einen Ausgleich ökonomischer und ökologischer Interessen.
- Wir sind stolz auf unsere Region.

---

[4] Vgl. *https://dejure.org/gesetze/AktG/93.html; https://www.bvdcm.de/news/rechtspflicht-zur-compliance*

Auch das Führungsleitbild hatte zehn Grundsätze, die „Vorgesetzte“ bei ihren Führungsaufgaben berücksichtigen sollten (Auszüge):

- Wir prägen durch unser Verhalten eine konstruktive und vertrauensvolle Zusammenarbeit.
- Wir stärken die Eigenverantwortung unserer Mitarbeiterinnen und Mitarbeiter.
- Wir pflegen einen offenen Dialog.
- Wir informieren rechtzeitig und angemessen.
- Wir sind Vorbild.

Ebenso beschrieb das Mitarbeiterleitbild zehn Grundsätze, „die jeder Einzelne aktiv leben sollte, wenn er mit den Pfalzwerken weiterhin erfolgreich sein“ wollte (Auszüge):

- Wir sind Teil des Unternehmens und achten auf unser Erscheinungsbild und unsere Außenwirkung.
- Wir achten den Kollegen und schätzen seinen Beitrag zum Unternehmenserfolg.
- Wir haben Teamgeist und arbeiten ehrlich und zuverlässig zusammen.
- Wir arbeiten gerne, zielorientiert und effizient.
- Wir sind engagierte Mitarbeiterinnen und Mitarbeiter und sorgen für eine Balance zwischen Beruf und Privatleben.

All diese Leitsätze waren verbunden mit dem Wunsch, dass „jede Mitarbeiterin und jeder Mitarbeiter die Leitbilder lebt und in Aktionen“ umsetzt. 30 Grundsätze und Anforderungen waren sehr viel. Insgesamt waren auch die Texte zum Teil recht lang und beinhalteten einige Überschneidungen oder eher zusammengewürfelte Anforderungen („Wir haben Teamgeist und arbeiten ehrlich und zuverlässig zusammen“). Sie betrafen ebenso unterschiedliche Darstellungsebenen von allgemeinen Bekenntnissen („Wir sind stolz auf unsere Region“) bis zu konkreten und sogar messbaren Aussagen („Wir arbeiten gerne, zielorientiert und effizient“).

Unser Ziel war darum, gemeinsame Werte für alle zu formulieren – komprimiert und einfach verständlich. Dabei sollte der notwendige Abstraktionsgrad gerade den Raum für eine individuelle Diskussion darüber aufspannen, wie dieser Werteansatz von jedem Einzelnen konkret umgesetzt und gelebt werden kann.

Der Start zur neuen Gestaltung der Werte war eine Managementklausur im März 2017, auf der mit den Führungskräften – als wichtiger Impuls – ein Rahmen für den neu zu entwickelnden Wertekanon festgelegt wurde. In der Folge wurden dann daraus grundsätzlich die Werte „Kundenorientierung“, „Transparenz“, „fairer Umgang“, „Verantwortung“ und „Innovation“ entwickelt.

Werte der Pfalzwerke und der Pfalzwerke Gruppe

„Unsere Werte sind ein Mehrwert für alle Beschäftigten der Unternehmensgruppe, Kunden und Geschäftspartner."

Kundenorientierung

Wir stellen den Kunden in den Mittelpunkt unseres Handelns, um bestehende Kundenbeziehungen zu festigen und neue Kunden zu gewinnen.

- Schaffung und Intensivierung von Vertrauen: Wir erarbeiten uns das Vertrauen unserer Kunden und festigen es durch eine enge und vertrauensvolle Zusammenarbeit.
- Bedürfnisse der Kunden verstehen: Wir setzen uns in Einklang mit unseren Unternehmenswerten für die Interessen unserer Kunden ein.
- Gemeinsame Lösungen entwickeln: Wir versetzen uns in die Situation des Kunden und erarbeiten gemeinsam optimale Lösungen für alle Beteiligten.

Transparenz

Wir kommunizieren offen, sachlich und nachvollziehbar, um größtmögliche Transparenz zu schaffen.

- Offenheit: Mit Offenheit im Innen- und Außenverhältnis erreichen wir Klarheit über unser Handeln.
- Kommunikation: Wir streben einen effektiven Informationsfluss an, um nicht nur bereichs-, abteilungs- und teaminterne, sondern auch unternehmensübergreifende Transparenz zu gewährleisten.
- Nachvollziehbarkeit: Es ist uns wichtig, dass alle für die ordnungsgemäße Erfüllung der Aufgaben eines jeden Einzelnen sowie den täglichen Arbeitsablauf erforderlichen Informationen klar und strukturiert kommuniziert werden.

Fairer Umgang

Wir gehen fair und wertschätzend miteinander um, um eine angenehme und nachhaltige Arbeitsatmosphäre zu schaffen und eine offene Fehlerkultur zu leben.

- Wertschätzung: Die Achtung unserer Beschäftigten der Unternehmensgruppe untereinander sowie unserer Kunden und Geschäftspartner schafft für uns die Basis für eine erfolgreiche Zusammenarbeit.
- Gemischte Teams: Wir erkennen, akzeptieren und fördern die Verschiedenheit unserer Teammitglieder und gehen die sich stellenden Herausforderungen gemeinsam an.
- Umgang: Wir wollen übergeordneten Interessen Priorität vor den eigenen einräumen, respektvoll miteinander kommunizieren und sind auch bei schwierigen Themen und Konflikten bereit, in den Dialog zu gehen.

Verantwortung

Wir übernehmen Verantwortung, um uns mit bereichs-, abteilungs- und teamübergreifenden Aufgaben und unserem Unternehmen sowie der Pfalzwerke Gruppe zu identifizieren.

- Vertrauen: Gegenseitiges Vertrauen und Verbindlichkeit bei getroffenen Entscheidungen helfen uns dabei, unsere Stellung am Markt zu stärken beziehungsweise zu fördern und dadurch auch den Kunden den größtmöglichen Nutzen zu bieten.
- Bereichs-, abteilungs- und gruppenübergreifende Prozesse: Mit dem Blick auf den Gesamtprozess akzeptiert jeder Einzelne seine sowie die Rolle und Kompetenz des jeweils anderen und trägt so zum Gelingen des Ganzen bei.
- Kooperation: Durch lösungsorientiertes, kooperatives Verhalten untereinander und nach außen sichern wir Fortschritt und Erfolg.

Innovation

Wir sind innovativ, um vor allen Dingen die Zukunft des Unternehmens zu sichern und die Beschäftigten zu binden.

- Nachhaltigkeit: Die Entwicklung langfristiger Partnerschaften und Prozesse ist ein wichtiger Grundsatz unseres Handelns.
- Weiterentwicklung: Wir entwickeln uns fachlich und persönlich weiter und tragen gemeinsam als Mitarbeiter und Führungskraft zur Entwicklung von Projekten sowie zur Fortführung und zum Ausbau des Unternehmens bei.
- Offenheit für Veränderungen: Wir sind aufgeschlossen für neue Ideen und offen für Veränderungen.

4.1.2 Die Umsetzung macht den Unterschied

- Wir haben unsere Werte kommuniziert
- Wir diskutieren unsere Werte fortlaufend
- Wir setzen unsere Werte konsequent um

Die Werte „Kundenorientierung, Transparenz, Fairer Umgang, Verantwortung und Innovation" erscheinen auf den ersten Blick allgemein formuliert und abstrakt. Nahezu jeder Mitarbeiter kann solche Werte akzeptieren. Mindert dies ihren Wert? Nein, ganz im Gegenteil. Der „innere Wert" dieser Werte ergibt sich aus der Kommunikation mit und zwischen den Mitarbeitern und der Diskussion der individuellen Interpretationen. Unsere Werte haben wir unternehmensweit plakativ veröffentlicht – beispielsweise in der Mitarbeiterzeitschrift *intern* und natürlich im Intranet, in der Pfalzwerke „Energielounge". Die Werte in einer Kurzfassung gab es auch als „Bastelbogen“ in Form eines Wertewürfels (Bild 4.1) – eine gelungene Aufforderung, sich auch „praktisch“ mit den Werten zu beschäftigen. Das Ergebnis ist dann zudem eine gute Möglichkeit, sich die Werte täglich vor Augen zu führen.

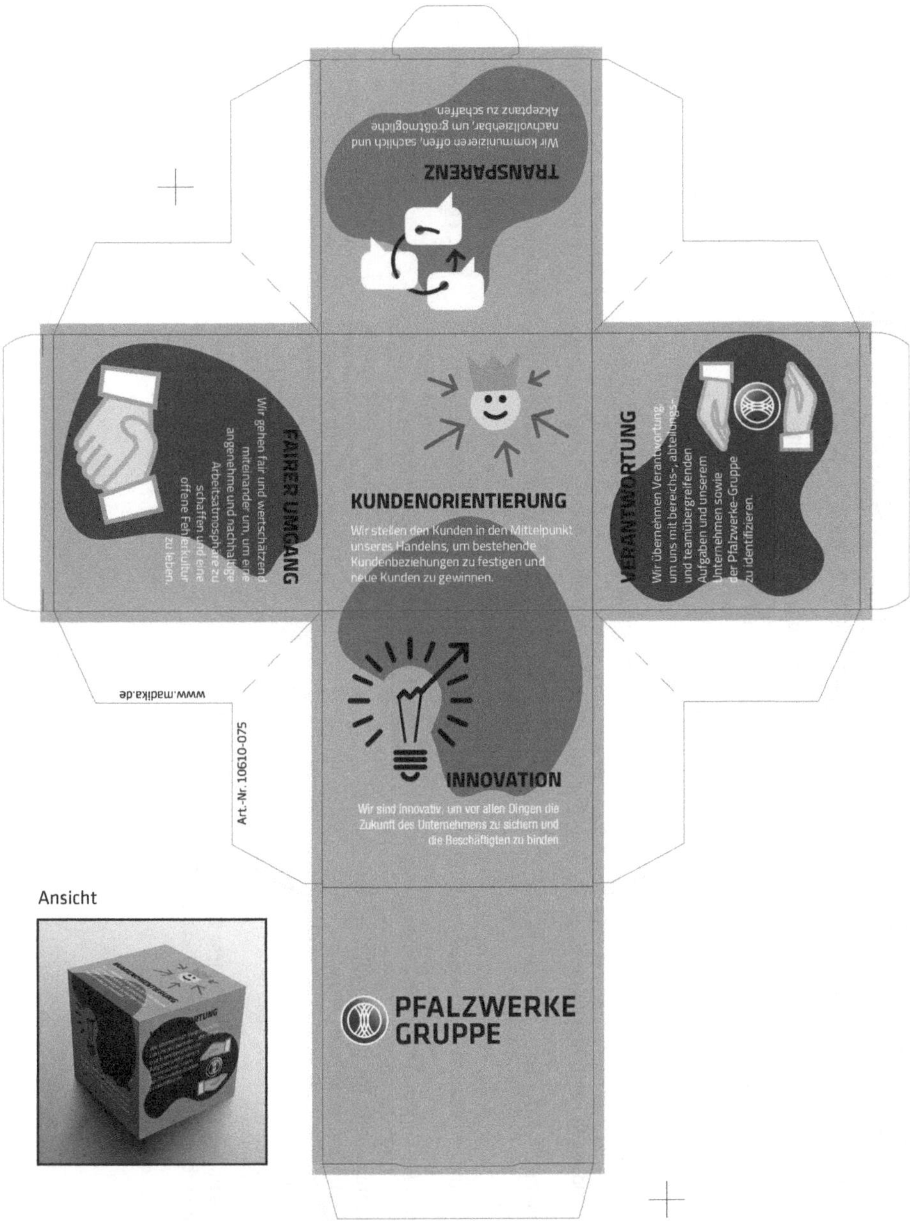

Bild 4.1 Wertewürfel

Offenheit	Kommunikation	Nachvollziehbarkeit
Offenheit im Rahmen der eigenen Möglichkeiten	Kommunikationswege	Ehrlichkeit
Transparenz schafft Vertrauen	Informationen nicht zurückhalten	Alles darf angesprochen werden
Verständnis für persönliche Belange	Strukturen in der Energie-Lounge	Klarheit gewinnen
Nachvollziehbarkeit	Transparenz ist Voraussetzung für Augenhöhe	Transparenz gibt Ansatzpunkte für Innovation
Verständlichkeit	Transparenz Unterscheidung Kunde/intern	Kommuniziertes wird nicht gelebt
Entscheidungen verstehen können	Klare Strukturen	Uneinheitliche Transparenz
Ich erhalte alle Informationen, die ich für meine Arbeit brauche	So kommunizieren, dass der Busch-Funk still wird	Rechtzeitig
Gesteuerte Transparenz (z.B. in NDA-Verfahren)	Hol- und Bringschuld (Energie-Lounge)	Mut, ggf. auch Unangenehmes zu „ertragen"
Transparenz ermöglicht Partizipation	Multiplikatoren für Ideen erkennen	
Transparenz heißt NICHT, vertrauliche Informationen an alle zu kommunizieren		
Transparenz heißt NICHT, alle Informationen an alle: Informationen overload, Absicherungsmentalität		
Informationen an diejenigen, welche die Informationen für ihre Arbeit benötigen – Selektion der Informationen		

Bild 4.2 Die Bedeutung des Werts Transparenz

Danach wurden in drei aufeinanderfolgenden Workshops die Werte mit den Führungskräften besprochen und operationalisiert. Die Bild 4.2 zeigt beispielhaft einen Definitionsschritt für den Wert „Transparenz“ als Abschrift.

Wir haben einen Kommunikationsleitfaden erstellt, mit dem wir die Führungskräfte bei der Kommunikation und Umsetzung der Werte unterstützen. Jede Führungskraft hatte natürlich die Möglichkeit, ihren eigenen Weg zu finden. Wir betonen darin, dass die unterschiedlichen Personen mit unterschiedlichen Meinungen eine Bereicherung für die Pfalzwerke-Unternehmensgruppe sind. Darum kann es auch unterschiedliche Meinungen zu den Inhalten der verschiedenen Werte geben. Beispielsweise das Verhalten eines Menschen in einer Situation kann von dem einen als „fair“, von einem anderen hingegen als „unfair“ bewertet werden.

Unsere Werte als Pfalzwerke zu leben, stellt uns damit vor eine entscheidende Aufgabe: Wir brauchen ein – möglichst – gemeinsames Verständnis der Werte. Was bedeuten sie konkret im täglichen Handeln? Natürlich sollte sich jeder persönlich aufgerufen fühlen, für eine verantwortliche Auslegung der Werte einzutreten – durch eigenes Verhalten und im Kontakt mit Dritten. Dann sollten wir immer wieder in unseren Abteilungen oder Gruppen darüber sprechen, was die Werte konkret bedeuten. Am besten geht das anhand von Beispielen aus dem Alltag – so bekommen wir nach und nach ein immer besser werdendes Gespür für das Werteverständnis unserer Kollegen und können unsere Werte zunehmend besser in unserer täglichen Arbeit umsetzen. Unser Ziel ist, mit den Werten einen „Wir-ziehen-alle-gemeinsam-an-einem-Strang-Effekt“ zu erzeugen – in der gesamten Pfalzwerke Gruppe.

Werte haben dann Gültigkeit, wenn sie jedem bekannt sind und wenn immer wieder darüber gesprochen wird. Nur so kann zudem die gewünschte Zielsetzung erreicht werden, über den Wertekanon eine vom Unternehmen gewollte Anspruchsgrundlage für jeden Mitarbeiter zu autorisieren. Unser erster Schritt war also, den Dialog zum Thema überhaupt erst einmal zu eröffnen. Die Führungskräfte hatten den Auftrag, mit ihren Mitarbeitern in Besprechungen und Sitzungen über diese Werte zu sprechen. Mitarbeiter sollten Gelegenheit bekommen, mit den Führungskräften und ihren Kollegen Fragen und Anliegen zu besprechen. Auch für die Vorstände war dieser Dialog eine Selbstverpflichtung. Das haben wir in einer ersten Initiative bis zum Sommer 2018 umgesetzt. Unsere Idealvorstellung ging dahin, in den Teams bereits erste wirksame Maßnahmen abzuleiten, um diese Werte auch mit Leben zu erfüllen.

In Workshops hatten alle Führungskräfte Gelegenheit, gemeinsam an Ideen zu arbeiten, wie sie das Thema noch besser mit Leben füllen können beziehungsweise wie der Dialog mit den Mitarbeitern häufiger und intensiver stattfinden kann. Diesen Kommunikationsprozess und Austausch dauerhaft aufrechtzuerhalten, ist eine der „neuen“ Führungsaufgaben, die wir als Vorstand stringent einfordern. Dies bietet auch für die Führungskräfte Vorteile: Sie können sich darauf konzentrieren Zielkonflikte zu entscheiden. Wertekonflikte sind ungleich schwieriger zu lösen, denn für jeden Wert gibt es auch einen Gegenwert. Wertekonflikte entstehen meistens in einem bestimmten Kontext. Richtlinien zu befolgen und Verantwortung zu übernehmen sowie unternehmerisch tätig zu sein, scheinen sich zu widersprechen. Beides ist jedoch wichtig. Mit unseren Werten und der Diskussion und Interpretation dieser Werte in der Unternehmensgruppe erhalten die Mitarbeiter die Möglichkeit, diese Wertekonflikte selbst aufzulösen. Dies entlastet die Führungskräfte.[5]

Ideen zur Umsetzung aus den Workshops (Auszug):	
„Wie schaffen wir einen regelmäßigen Austausch?“	Regelmäßige Besprechungen
Fragen mit dem Team diskutieren	Arbeit mit dem „Würfel“
Im Leistungsbewertungsgespräch thematisieren	Kaskade nutzen
Tages-Workshops	Veranstaltungen von Mitarbeitern organisiert
Werteimpuls	Umgehen mit Konflikten
In Teammeetings einzelne Punkte ansprechen	Kick-off Werte

Für Mitarbeiter ist der Wertewürfel eine „Anspruchsgrundlage“ für ein Gespräch mit Kollegen oder Vorgesetzten, wenn gegen die Werte verstoßen wird. Deshalb haben wir Gedanken gesammelt, wie wir am besten Feedback geben können, wenn ein Wert nicht gelebt wird:

Idee zum Feedback (Auszug):	
Führungskraft als Vorbild	Vier-Augen-Gespräch
Kollegen „nutzen“	Fallbezogen im Einzelgespräch
Mediator	Keine Sanktionen
Wertgrenzen ausloten; Feedbackregeln	Gemeinsame Messlatte

Zu den Workshops haben wir von den Teilnehmern Feedback eingeholt. Vielleicht zu den wichtigsten Aussagen gehören die Sätze „Jeder muss bei sich selbst anfangen“ und „Führen ist Werte leben“. Dabei bedeutet es eine enorme Herausforderung, die neuen Werte zu leben und gleichzeitig die Vielzahl der anderen geschäftlichen Umbrüche in den Pfalzwerken zu bewältigen. Gerade Führungskräfte brauchen in solchen Situationen Orientierung. Schließlich sollen sie ihre Art des Arbeitens ändern, weniger eingreifen und mehr Verantwortung auf die Mitarbeiter übertragen, anders führen und doch verantwortlich sein.

Darum haben wir einen umfassenden Prozess zur Unterstützung und Entwicklung aller Mitarbeiter gestartet. Der erste Schritt ist ein modulares Programm zur Entwicklung der Führungskräfte. Wir versprechen uns davon auch eine bessere und intensivere Arbeit an und mit der Unternehmenskultur. Schließlich wollen wir das

[5] Zur Unterscheidung von Ziel- und Wertekonflikten: Sprenger, R. K.: *Radikal führen*. Frankfurt am Main 2012, S. 154 - 156

Unternehmen nachhaltig verändern, um so den Anforderungen der Märkte, der Kunden und der Mitarbeiter gerecht zu werden. Dazu muss der Dialog über die Werte unseres Unternehmens und die tatsächlich gelebte Zusammenarbeit konstruktiv und intensiv geführt werden.

Mit dem Betriebsrat führen wir ebenfalls eine intensive Wertediskussion. Die Mitglieder des Gremiums sind qua Aufgabe dicht an den tatsächlichen Erfahrungen der Mitarbeiter und können so gut dazu beitragen, ob und wie die im Wertekanon seitens des Unternehmens ausgelobte Anspruchsgrundlage damit übereinstimmt. Selbstverständlich gibt es im betrieblichen Alltag Diskrepanzen, die wir als Ansatzpunkt nehmen wollen, ob die Werte von den Führungskräften tatsächlich vorgelebt werden und wo nachgesteuert werden muss.

4.2 Führung

4.2.1 Agil führen

- Agile Führung geht nur mit einer anderen Haltung - der Führungskräfte und der Mitarbeiter.
- Agile Führung ist Führen durch Vorbild.
- Agile Führung gelingt mit den richtigen Rahmenbedingungen, Coaching und Kommunikation.

Führung ist eigentlich ganz einfach - die Führungskräfte sagen den Mitarbeitern, was sie wie tun sollen, und die tun das dann. So war das vielleicht früher einmal üblich - und nicht wenige „Vorgesetzte" glauben, das auch heute noch so handhaben zu können. Doch Disruption, agiles Handeln, Verantwortung an die Mitarbeiter übertragen - all das gelingt nur, wenn die Menschen innerhalb der Organisation auch die entsprechende Autonomie bekommen, Entscheidungen selbst zu treffen, und wenn sie für die Umsetzung verantwortlich sind.

Personen und Teams mit klarer Ergebnisverantwortung erfordern einen neuen Führungsstil, der Zusammenarbeit und Kooperation fördert: Coaching und Unterstützung anstelle von Direktiven und Kontrolle. Führung ist Fremdoptimierung oder besser Teamoptimierung: Vernetzte Teams sind keine 2.0-Version der Matrixorganisation. Sie sind ein neuer Ansatz. Wir wollen Mitarbeiter und Führungskräfte, die gemeinsam klar definierte Ziele verfolgen, die den Mut haben, Entscheidungen zu treffen, und die ihren Weg zum Ziel selber suchen. Das ist auch deswegen wichtig, weil die Arbeit in neuen Handlungsfeldern mit sich permanent erhöhender Veränderungsgeschwindigkeit eben keine bereits erprobten Lösungswege anbietet.

Agiles Handeln gelingt nur in einem entsprechenden Umfeld: Im Vordergrund steht die neue Idee. Realisiert wird sie von einem flexiblen Team, alle Beteiligten kommunizieren intensiv und kontinuierlich, Fehler sind Lernfelder. Die Richtlinien, nach denen das Team arbeitet, sind transparent. Führungskräfte sind über Prozesse und Prinzipien eingebunden, Aufgaben werden oft für einen begrenzten Zeitraum übernommen, Hierarchien spielen kaum eine Rolle. Das Team definiert selber den besten Weg, um die Ziele zu erreichen, priorisiert Aktivitäten und steuert die Ressourcen.

Die grundsätzlichen Gedanken sind nicht wirklich neu. Die Ideen reichen von der zielorientierten Führung à la Peter F. Drucker bis zu partizipativen Führungsmodellen. Das Menschenbild entspricht dem Typ Y von Douglas McGregor, auch diese Theorie stammt bereits aus den 1960er-Jahren. Agile Führung ist nur mit motivierten, sich selbst steuernden Mitarbeitern möglich. Sie unterstützt Mitarbeiter und räumt ihnen viel Handlungsspielraum dabei ein, schnell auf die Entwicklungen bei Kunden und in Märkten zu reagieren. Die Gedanken sind schon lange da – agile Führung zu praktizieren ist deswegen noch lange nicht einfach. Ausgangsbasis ist die Unternehmenskultur. Wir haben bereits unsere Werte als Ausgangspunkt dargelegt. Daraus leiten sich für die Führungskräfte und für die Mitarbeiter neue Anforderungen und neue Verhaltensweisen ab. Agiles Führen bedeutet das Schaffen von Rahmenbedingungen für das Handeln der Mitarbeiter, Coaching, Kommunikation und Vorbild sein. Fachliche Entscheidungen werden dort getroffen, wo die größte Expertise liegt – das ist meist in den Teams. Auch hier wiederum: Eigentlich nichts anderes als das, was Führung spätestens seit den 1980er-Jahren auch sein sollte, aber eben leider zu selten war.

Führungskräfte sind auf dem richtigen Weg, wenn sie sich als Coach verstehen, als Menschen, die das Team fit machen – und ihre Mitarbeiter dann arbeiten und entscheiden lassen. Führung in diesem Rahmen findet auf Augenhöhe statt. Gerade in einem Veränderungsprozess sind die Herausforderungen an Führungskräfte erheblich: Sie müssen mit ihrer neuen Rolle zurechtkommen und sollen zugleich die Mitarbeiter dabei unterstützen, sich neu zu erfinden.

Im Rahmen unseres Reifegradmodells haben wir beschrieben, wie wir Führung zukünftig verstehen wollen – wohlgemerkt, das ist das Ziel, keineswegs der Status quo:

Es gibt klare Beschreibungen für Aufgaben, Bereiche und Verantwortungen. Aus den Unternehmenszielen leiten sich Ziele für die verschiedenen Teams ab. Die Verantwortung liegt beim Mitarbeiter oder im Team. Werte und Regeln bestimmen das Miteinander. Macht als die Möglichkeit, Entscheidungen zu treffen, und als Verfügung über Ressourcen ist an die Rolle gebunden. Rollen können wechseln. Die Entscheidung zu treffen bedeutet auch die Verantwortung für die Konsequenzen.

Entscheidend ist die beste Lösung, bei Konflikten zwischen Teams stehen die Ergebnisse und Verpflichtungen (besonders gegenüber Kunden) im Vordergrund. Kooperation ist wichtig, das Unternehmen zielt nach innen auf Akzeptanz und gute Beziehungen aller Mitarbeiter. Für schwierige Situationen gibt es einen geregelten Prozess zur Klärung der Beziehungsebene.

Kommunikation zur Koordination und Abstimmung findet nach Bedarf statt. In Konfliktsituationen sind spontane Meetings zur Klärung Pflicht. Spezielle Meetings werden für größere Abstimmungen, Arbeit an der Kultur oder das Feiern von Lern- oder Umsetzungserfolgen fest eingeplant. Entscheidungen werden nach der Diskussion in Meetings von der verantwortlichen Person (= Rolle) getroffen.

Führungskräfte sind Vorbild und Coach. Die offene Kultur schafft Zusammenhalt und Vertrauen. Mitarbeiter behalten das Recht, ihre eigenen Lösungen zu finden. Die Verantwortung für Entscheidungen tragen die Mitarbeiter. Für die Teams gibt es Ziele, die eigenständig kontrolliert und kontinuierlich diskutiert und angepasst werden. Mitarbeiter und Teams arbeiten intensiv an der fachlichen und persönlichen Entwicklung. Kontrolle erfolgt über die vereinbarten Ziele, Ergebnisse sind transparent und werden kontinuierlich kommuniziert, auch über Teamgrenzen hinweg.

Es gibt viele Rollen, die sich bezogen auf die Aufgaben dynamisch entwickeln. Rollen enthalten in ihrer Beschreibung die Aufgaben und den Umfang der Entscheidungsbefugnis sowie die dazu notwendige Kompetenz. Rollen können jederzeit neu definiert und auch neu vergeben werden.

Diese Ansätze zu leben ist eine echte Herausforderung. Gerade in der Umbruchphase tragen Führungskräfte weiterhin Verantwortung und sollen gleichwohl weniger eingreifen - agil handeln bedeutet ja, dass die Mitarbeiter eine tragende Rolle im täglichen Geschäft übernehmen.

4.2.2 Das Entwicklungsprogramm

- Wir investieren gezielt in die Entwicklung der Führungsarbeit
- Trainings, Peer Coachings, Workshops und Großgruppenveranstaltungen
- ... „kosten“ Geld, aber vor allem Zeit, Energie und die Bereitschaft, seine Haltung zu ändern

Die Pfalzwerke haben darum ein Programm zur Entwicklung der Führungskräfte aufgelegt (Bild 4.3). Methoden zur Umsetzung sind Trainings, Coachings und letztendlich die Implementierung sich selbst organisierender Teams. So erfahren alle Veränderungen innerhalb der Organisation die erforderliche Unterstützung. Neben dem Verständnis für und die Arbeit in der Veränderung geht es um den Erwerb der

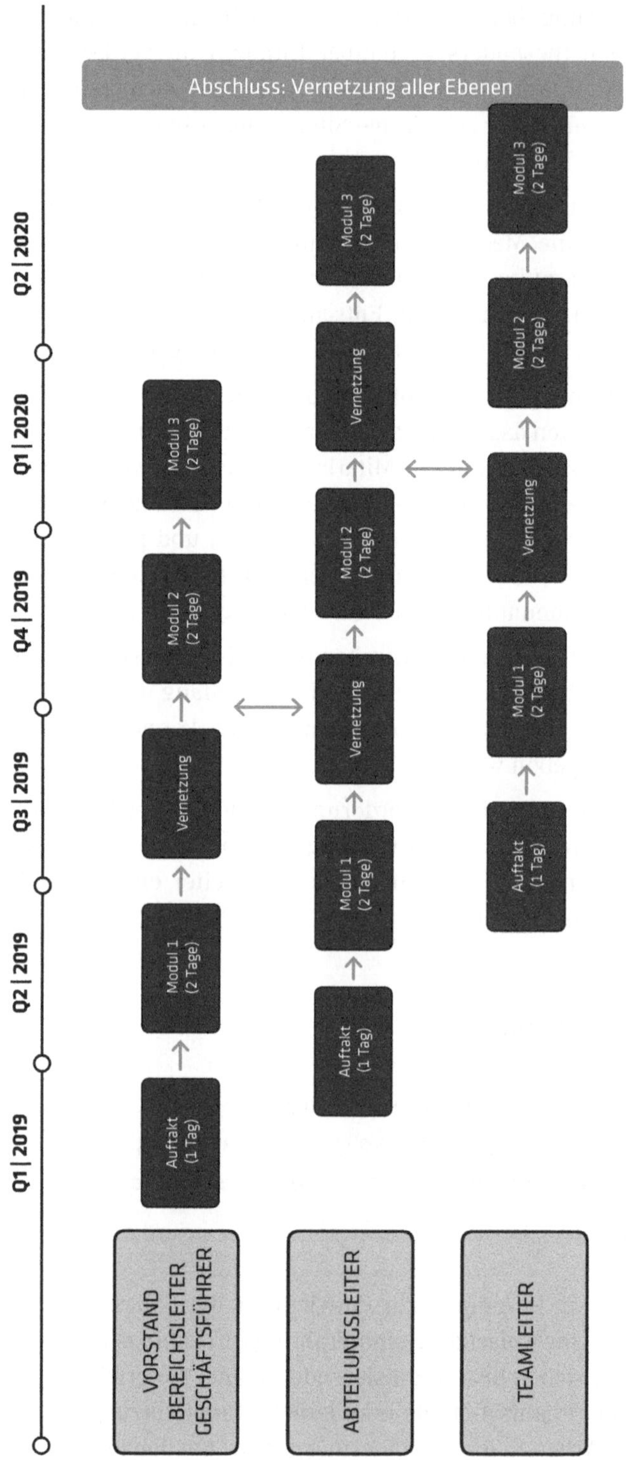

Bild 4.3 FK-Programm

Kompetenzen, mit denen teamorientiertes und agiles Arbeiten besser unterstützt wird.

Wir wollen eine gemeinsame Perspektive schaffen, wie Führungskräfte zu Vorbildern für die digitale Transformation werden können. Der Fokus liegt auf dem Handeln nach gemeinsamen Prioritäten. Das Programm besteht aus drei inhaltlich aufeinander aufbauenden Modulen, die sich mit den unterschiedlichen Rollen einer Führungskraft befassen – Stratege, Change Manager und effizienter Manager. Grundsätzlich geht es in den Modulen weniger um das Erlernen von theoretischem Wissen – vielmehr werden Perspektiven vorgestellt, am eigenen Führungsverhalten reflektiert und gemeinsam diskutiert. Die Teilnehmer erkennen neue Ansätze und erproben diese. Gegenseitiges Feedback und „Lessons Learned" spielen eine entscheidende Rolle. Darüber hinaus erhalten die Teilnehmer einen Werkzeugkasten mit verschiedenen Methoden, die sie im Führungsalltag unterstützen.

In jedem Seminar werden neue Themen oder Perspektiven in die Gruppe gebracht und diskutiert. Methodisch können das Impulsvorträge sein, Fallbeispiele oder die Besprechung einschlägiger Studien. Die Reflexion des Inputs schafft eine neue Ebene des Verstehens und regt einen Prozess der gemeinsamen Meinungsbildung an. Es gibt Übungen zum Transfer. In Diskussionen werden die Inhalte gewürdigt und auf Möglichkeiten zur Übertragung in die tägliche Arbeit überprüft. Um den Transfer in die Praxis zu unterstützen, werden alle Teilnehmer eingeladen, drei Menschen aus ihrem Umfeld einzubinden und nach dem Seminar zu besprechen, welche Erkenntnisse sie umsetzen beziehungsweise welches Verhalten sie ausprobieren möchten. Sie bekommen dann Rückmeldungen in Tandems oder im Peer Consulting – der Kollege wird zum Coach.

Das Modul 1 – Führungskraft als Stratege – reflektiert Megatrends (wie Industrie 4.0 oder Globalisierung) aus anderen Branchen, nimmt Ableitungen für die Pfalzwerke Gruppe und für den eigenen Bereich vor und unterstützt so den Transfer. Mitarbeiter wollen gerade in Phasen starker Veränderung informiert werden, sie suchen nach Orientierung, Führungskräfte wollen Antworten geben. Die Führungskräfte werden dabei unterstützt, Mitarbeiter zu informieren und einzubinden. Arbeitsmethoden sind unter anderem Fallstudien und Techniken aus dem Design Thinking.

Ebenso wird in diesem Modul das Spannungsfeld zwischen der herkömmlichen Arbeitsweise – Fehler vermeiden, Prozesse einhalten – und den geänderten Anforderungen aufgezeigt. Wir wollen so zu einem besseren Verständnis der Leistungsparameter und Anforderungen kommen.

Modul 2 stellt die Aufgabe – Führungskraft als Change Manager – in den Mittelpunkt. Die aktuelle Kultur wird reflektiert, gefördert werden Flexibilität und die Orientierung an zukünftigen Herausforderungen. Die Teilnehmer erkunden Instrumente, um im alltäglichen Geschäft die Kultur des Unternehmens aktiv zu verändern – Change Management. Die Kenntnis der wichtigsten Modelle und Regeln erleichtert das Handeln im Alltag. Wesentliche Themen sind der Umgang mit Widerständen, Befähigen und Motivieren sowie Kommunikation. Vermittelt und erprobt werden Führungsansätze aus erfolgreichen agilen Organisationen.

Modul 3 – Führungskraft als effizienter Manager – bearbeitet schließlich die Herausforderung, die eigene Arbeit neu zu gestalten und die Mitarbeiter durch den Wechsel zu begleiten. Dazu braucht es neben der Reflexion eigenen Handelns funktionierende Mechanismen zur Selbststeuerung, eine konstruktive Haltung in Konfliktsituationen und Wege, um Mitarbeiter durch die Veränderungsprozesse zu begleiten und zu führen.

In einer ersten Welle nehmen die Führungskräfte der Ebene 1 (Vorstände und Bereichsleiter) an den Trainings teil. Startschuss war im Mai 2019, das Modul 2 wird im November des Jahres bearbeitet. Die zweite Welle wurde inzwischen mit allen Führungskräften der Ebene 2 (Abteilungsleiter) gestartet, und ab September beginnt die Welle 3 mit allen Teamleitern der Pfalzwerke Gruppe.

Um den Transfer zwischen den Trainingsterminen zu unterstützen, haben wir die bereits erwähnte Tandemarbeit und das Peer Consulting initiiert. Bei der Tandemarbeit treffen sich zwei Führungskräfte aus unterschiedlichen Teilen der Pfalzwerke Gruppe regelmäßig und tauschen sich über ihre Erfahrungen aus, geben sich Tipps und Rückmeldung. Peer Consulting wiederum ist ein zu festen Terminen stattfindendes Treffen von zwei Tandemteams, also von vier Personen. Jeder der Teilnehmer stellt einen „Fall“ aus seiner Führungspraxis vor, die anderen drei stellen dazu Fragen, und dann wird der Fall von diesen Personen diskutiert und sie entwickeln Lösungsvorschläge. Die betroffene Führungskraft hört diesem Austausch ohne eigene Beiträge zu. Am Ende von circa 15 Minuten kann sie dazu ihr Feedback geben. Danach ist der nächste Teilnehmer an der Reihe.

Um den stärkeren Austausch der Führungskräfte untereinander und über alle Grenzen des Unternehmens hinweg sicherzustellen, gibt es zusätzlich noch die „Team of Teams“-Veranstaltungen. Im November 2019 trafen sich alle Führungskräfte der Ebenen 1 und 2, um in einer Großgruppenveranstaltung zum Thema Führung ihre Erfahrungen und Wünsche auszutauschen und sich vor allem besser kennenzulernen und abzustimmen. Danach gibt es eine gleiche Veranstaltung für die Ebenen 2 und 3 sowie im Juni 2020 ein finales „Team of Teams“ mit allen Führungskräften der Pfalzwerke Gruppe.

Das übergeordnete Ziel ist die Arbeit an und mit der Unternehmenskultur – wir wollen nachhaltig verändern, um so den Anforderungen der Märkte, Kunden und Mitarbeiter gerecht zu werden. Die gesamten Pfalzwerke sollen befähigt werden, sich schnell und vor allem immer wieder neu an komplexe und dynamische Märkte anzupassen. Wir wollen darum eine Transformation des bisherigen Handelns hin zu einer unternehmerisch ausgerichteten Entwicklung für unsere Führungskräfte und Mitarbeiter, den andauernden Dialog über die Werte unseres Unternehmens und die tatsächlich gelebte Zusammenarbeit über alle Grenzen hinweg.

Unsere Aufgabe bleibt es, die Nachhaltigkeit der Entwicklung zu sichern. Es geht darum, die Arbeit in Teams wirklich erfolgreich zu machen. Wir wollen die erforderlichen Kompetenzen für die digitale Transformation auf allen Ebenen im Unternehmen aufbauen.

5 Agile Veränderung braucht Geschäft – die Initiative Digitale Transformation

- Erfolg bedeutet, Kunden zu überzeugen
- Erfolg bedeutet, Neues zu schaffen
- Erfolg muss gemeinsam definiert werden

5.1 Veränderung braucht Erfolg im Wettbewerb

Erfolgsfaktoren sind ...

- ... Kunden als zentraler Dreh- und Angelpunkt
- ... Offenheit für Neues
- ... engagierte und fokussierte Mitarbeiter

Digitalisierung, Liberalisierung, anspruchsvollere Kunden – unsere Branche ändert sich grundlegend, vom Geschäftsmodell bis zur Gestaltung der Arbeit. Innovationen gelingen in diesem Umfeld nur, wenn wir schnell und flexibel handeln. Wir brauchen eine passende Unternehmenskultur und geeignete Strukturen. Noch handeln wir in einer eher hierarchisch geprägten Arbeitswelt, orientiert an Abstimmung und Absicherung. Das kostet Zeit und erstickt manche gute Idee.

Wir haben uns entschlossen, den Wettbewerb anzunehmen – wir wollen schnell und flexibel werden – im Denken, im Handeln und im Lernen. Dafür hat sich in der Literatur der Begriff „agil" etabliert – agile Organisationen können schnell entscheiden, schnell handeln, Fehler flexibel korrigieren und sich dadurch schnell verändern. Agiles Handeln bedeutet schlanke Prozesse, Verantwortung und Entscheidung an der Schnittstelle zur Aktion, Mitarbeiter, die eigenverantwortlich handeln. Führung konzentriert sich darauf, Mitarbeiter zu befähigen und bei ihrem

Handeln zu unterstützen. Agile Unternehmen sind auf Kunden und ihre Bedürfnisse fokussiert. Innovative und erfolgreiche Angebote, Lösungen und Prozesse lassen sich nur mit klarer Kundenorientierung entwickeln.

Gassmann und Sutter formulieren die Erfolgsfaktoren für erfolgreiche Transformation:[1]

- Kundenerkenntnisse im Kern: Je mehr ich über den Kunden und seine Bedürfnisse weiß, desto besser gelingt die Wertschöpfung.
- Starke Vision entwickeln: Ein klares Zukunftsbild ist die beste Orientierung für die Mitarbeiter, sie bündelt die Kräfte.
- Digitale Geschäftsmodelle entwickeln: Kunde – Nutzen – Umsetzung – Profitabilität sind die vier Fragen, auf die es eine Antwort geben muss.
- High-Performance-Teams fördern: Entdecken und entwickeln Sie die besonders engagierten und kompetenten Mitarbeiter, stellen Sie Ressourcen bereit.
- Permanentes Lernen forcieren: Fehler sind eine Quelle für Lernen, das Testen und Verbessern und Testen und Verbessern und ... von Prototypen entspricht dem Erfolgsweg beim menschlichen Lernen und in den Naturwissenschaften.
- Agilität in der Entwicklung stärken: Sprints und iteratives Vorgehen sind dem herkömmlichen Wasserfallmodell (lineares Vorgehen in aufeinanderfolgenden Projektphasen) dann überlegen, wenn sich der Markt dynamisch entwickelt und wenig über Anforderungen oder Kundenbedürfnisse bekannt ist.
- Silos überwinden: Zusammenarbeit über funktionale Grenzen ist ein Schlüsselfaktor für den Erfolg, funktionale Prozesse oder Anreizsysteme müssen dafür überwunden werden.
- Gesamte Organisation energetisieren: Nach Heike Bruch gibt es dafür zwei optimale Strategien – „Killing the Dragon“ ist das Aufzeigen von Bedrohungen und der Aufruf, den Kampf dagegen aufzunehmen. „Winning the Princess“ ist die positive Perspektive, wie sich das Kundenerlebnis, seine Loyalität und Bindung an das Unternehmen neu und besser definieren lässt.
- Zelte statt Paläste aufbauen: Agilität, flexibles Handeln und schnelles Lernen sind dauerhaften Strukturen und langfristigen Planungen überlegen. Projektorganisation ist meist erfolgreicher als das Handeln in festen Strukturen.
- Lean-Start-up-Mentalität fördern: Aktionsorientierung über langjährige Pläne, Überleben von einem Tag auf den anderen über fixe Sicherheiten, Design-Build-Test als Dauerschleife.
- Strategische Partnerschaften aufbauen: Miteinander in Vernetzung ist erfolgreicher, Partner suchen und gemeinsam Ziele erreichen.

---

[1] Gassmann, O.; Sutter, P.: „Software erobert die Welt“. In: dies.: *Digitale Transformation im Unternehmen gestalten*. München 2016

- Kampf um die Talente gewinnen: Stark umkämpfte Talente wollen Flexibilität und Autonomie, sie bevölkern inzwischen die Coworking Spaces.
- Quick wins realisieren: Greifbare Fortschritte verankern die Initiative im Unternehmen und verschaffen den nötigen Freiraum zur weiteren Arbeit.
- Kommunizieren, kommunizieren, kommunizieren: Je öfter, desto besser. Je engagierter, desto besser.

Unternehmenswerte sind Leitplanken für das Handeln aller Mitarbeiter, sie legen fest, wie wir unsere Ziele erreichen. Darum haben wir unsere Unternehmenswerte überarbeitet und angepasst. Damit haben wir die Basis für neues Denken und Handeln geschaffen. Im Kapitel 4 haben wir diesen Teil unserer Neuausrichtung ausführlicher beschrieben. Ebenso haben wir in einer Bestandsaufnahme die bereits erfolgreichen Projekte und Prozesse analysiert. Wir haben herausgefunden, dass dort schon heute agil und bereichsübergreifend gehandelt wird (nähere Informationen dazu im Kapitel 3). Wir wollen erreichen, dass solche Erfolge zukünftig in der ganzen Pfalzwerke Gruppe möglich werden. Dazu haben wir die Initiative Digitale Transformation (IDT) ins Leben gerufen.

5.2 Die Initiative Digitale Transformation (IDT) der Pfalzwerke Gruppe

- Die IDT entdeckt neue Geschäftsmodelle
- Die IDT verändert das Arbeiten miteinander
- Die IDT nutzt gezielt das Umfeld

Mit innovativen Methoden und Technologien bauen wir bestehende Dienstleistungen aus und entwickeln neue Geschäfts- und Wachstumsfelder. Wir haben bereits eine starke, innovative Marke mit gefragten Dienstleistungen rund um unsere Kunden entwickelt. Um unsere Ziele zu erreichen, werden wir unsere Strategie zukünftig kontinuierlich hinterfragen und an die sich ständig ändernden Rahmenbedingungen anpassen. „Kunde im Mittelpunkt“ bedeutet für jedes Geschäftssegment, den relevanten Markt zu kennen und dabei die Bedürfnisse unserer Kunden einschätzen zu können. Dies gelingt mit einem Mehr an Marktforschung und Data Mining. In der Verbindung des Wissens um den Kunden mit unserem Know-how können wir echten Kundennutzen darstellen.

Wir verändern unsere Arbeitskultur und die Form der Zusammenarbeit: Führungskräfte übertragen Verantwortung an ihre Mitarbeiter, diese können flexibel und kreativ arbeiten. Lösungen werden zukünftig häufiger gemeinsam mit Kunden oder anderen Partnern interdisziplinär entwickelt.

Mit unserer Initiative Digitale Transformation geben wir eine Antwort auf die Veränderungen im Markt. Neue Technologien lassen sich nur mit grundsätzlich neuen Geschäftsmodellen erfolgreich gestalten. Digitalisierung macht eine bessere Vernetzung und damit eine Beschleunigung von Systemen und Unternehmen möglich. Wir wollen den Erfolg in einem sich mit zunehmender Geschwindigkeit entwickelnden Markt. Wir wollen flexibel, transparent und offen arbeiten. Unabhängig von bestehenden Hierarchien arbeiten wir bereichs- und firmenübergreifend in Einheiten wie dem Innovationsteam, dem PW-Lab, Leuchtturminitiativen oder Projektgruppen an Lösungen.

Wir haben uns dabei bewusst für ein evolutionäres Szenario mit disruptiven Ansätzen entschieden – wir nennen es das „Unternehmen der zwei Geschwindigkeiten“. Unser herkömmliches Geschäft werden wir (zunächst?) mit den bewährten Strukturen und Prozessen in gewohnter Weise weiterbetreiben. In einem evolutionären Teil werden mehrere Projekte eng verzahnt mit der Pfalzwerke Gruppe betrieben. Das sind unsere Leuchtturmprojekte. Neue Elemente wie das PW-Lab sehen wir als Keimzelle für den Teil der Pfalzwerke, der sich auf das zukünftige Geschäft konzentriert, das sich mit disruptiven Themen beschäftigt. Beide Einheiten sind zwar autark und können sich nach eigenen Regeln entwickeln, allerdings werden der gegenseitige Austausch und die daraus resultierenden Denkanstöße aktiv gefördert.

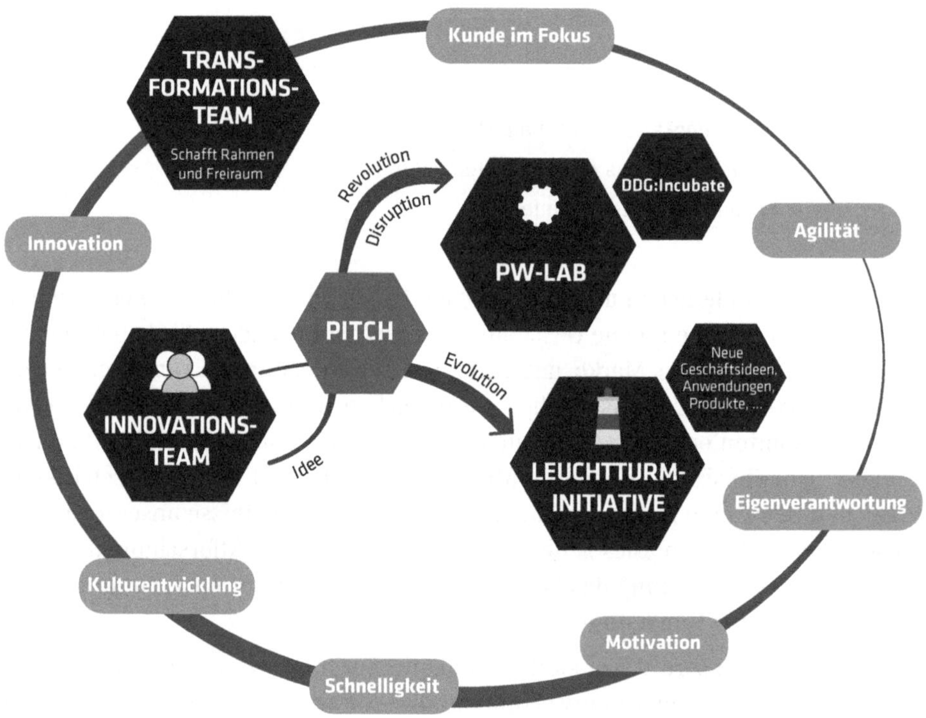

Bild 5.1 IDT – die Elemente im Überblick

Geleitet wird die IDT von einem Transformationsteam. Ein Innovationsteam ist zentral für die Entdeckung und Entwicklung von Ideen verantwortlich. Daneben gibt es ein PW-Lab und das DT:HUB (nähere Erläuterungen folgen in diesem Kapitel). Die IDT sehen wir zusätzlich zu den bestehenden Arbeitsfeldern und Bereichen als Chance, Neues zu entwickeln und auszuprobieren.

Das Bild 5.1 mit allen Elementen zur IDT ist auf den ersten Blick sehr komplex. Darum werden wir in der Folge die einzelnen Elemente und das Zusammenspiel im Detail erläutern. Auch die IDT wird sich im Lauf der Zeit agil weiterentwickeln - wir „behalten", was gut funktioniert, verwerfen und denken neu, wenn sich etwas nicht bewährt.

5.3 Die Elemente der IDT - Aufgabe, Rollen und Zusammenspiel

Das Transformationsteam stellt den Steuerstand der IDT dar. Die ganze Systematik der Initiative, die Teilnehmer und Teams sowie das gesamte Rollenverständnis und Zusammenspiel wurden hier definiert. Es plant und steuert die Initiative, treibt und unterstützt die Umsetzung, coacht und ermuntert die Akteure in den anderen Teams. Das Transformationsteam entscheidet über die strategischen Fragestellungen und die Zusammenarbeit mit externen Partnern - das Team schafft den Rahmen für die Transformation. Besetzt ist das Team mit den zwei Vorständen der Pfalzwerke AG und dem Vorstand der Pfalzwerke Netz AG, dazu kommen die Verantwortlichen für Strategisches Marketing und Unternehmenskommunikation, Technologie und Innovation, Personalentwicklung und für das DT:HUB. Inzwischen haben wir das DT:HUB umbenannt in DDG:Incubate. Nähere Erläuterungen dazu finden Sie im entsprechenden Abschnitt.

> Das Transformationsteam steuert die IDT.

Das Innovationsteam hat die Aufgabe, Ideen zu entwickeln oder zu entdecken, eigenverantwortlich und frei von hierarchischen Bindungen, bereichs- und unternehmensübergreifend. Die Ideen werden vom Team selbst bewertet und die besten kreativ bearbeitet. Die Entscheidung, welche Ideen weiterentwickelt werden, trifft alleine das Innovationsteam. Die ausgewählten Ideen werden in einem Pitch einer Jury vorgestellt, bestehend aus den Mitgliedern des Transformationsteams sowie möglichen Sponsoren der Idee, zum Beispiel Vertriebseinheiten. Das Innovationsteam entscheidet, wer am Pitch teilnimmt. Typische Adressaten sind die Marktbereiche Vertrieb und Handel sowie Energiedienstleistungen, die Geschäftsführer der Tochtergesellschaften, wie beispielsweise die Pfalzkom oder Pfalzsolar, oder auch die Bereiche Strategisches Marketing und Unternehmenskommunikation sowie Technologie und Innovation. Als „lender of last resort" fungiert der Konzernvorstand, wenn aus seiner Sicht Ideen gefördert werden sollen, die auf mehrere Bereiche einzahlen oder für die sich kein Sponsor findet, die aber strategisches Potenzial vermuten lassen. Findet sich ein Sponsor für die Idee, kann das Thema weitergeführt werden.

Das Innovationsteam entwickelt Ideen und organisiert Pitches.

Ideen mit großer Nähe zu bestehenden Produkten, Dienstleistungen oder Prozessen bezeichnen wir als evolutionäre Ideen. Sie werden nach bestandenem Pitch zu Leuchtturminitiativen. Der Ideengeber übernimmt die Leitung seiner Leuchtturminitiative, sucht sich mit Zustimmung des Pitch-Teams die Mitarbeiter aus der Unternehmensgruppe, die er für die Umsetzung benötigt – und setzt die Idee um. Die Arbeit an der Leuchtturminitiative ist mit dem Entwicklungssprint in Scrum vergleichbar: zeitlich befristet, mit einem konkreten Ergebnis als Ziel.

Leuchtturminitiativen setzen evolutionäre Ideen um.

Die Rollen und Verantwortlichkeiten in der Leuchtturminitiative sind an die Scrum-Methodik angelehnt. Diese Entscheidung wurde uns dadurch deutlich erleichtert, dass sich diese Rollen bereits bei der Pfalzwerke Netz AG zur Entwicklung von neuen Geschäftsmodellen bewährt haben. Der „Leuchtturminitiativenverantwortliche" entspricht dabei dem Product Owner. Er definiert und priorisiert die Hypothesentests, bestimmt die Inhalte und Termine der Leuchtturminitiative, definiert Kriterien für Qualität und akzeptiert auf dieser Basis Arbeitsergebnisse oder weist sie zurück. Er ist verantwortlich für das Ergebnis der Leuchtturminitiative.

Jeder in einer Leuchtturminitiative ist auch Mitglied im Projektteam und arbeitet operativ mit. Das Motto: „Wer im Team ist, arbeitet. Wer arbeitet, ist im Team." Jeder darf die Hypothesen hinterfragen. Alle handeln funktionsübergreifend. Jeder organisiert sich selbst und ist verantwortlich für zugesagte Arbeitsergebnisse. Alle agieren frei von Hierarchie. Die Zusammensetzung des Projektteams kann sich in der Regel nur zwischen den einzelnen Entwicklungszyklen ändern. Der methodische Coach, angelehnt an den Scrum Master, unterstützt die enge Zusammenarbeit zwischen allen Rollen, beseitigt organisatorische und methodische Hindernisse. Er verantwortet die Einhaltung der Methoden, ist verantwortlich für den Reflexionsprozess im Projektteam. Der methodische Coach wirkt nicht an der Umsetzung mit und ist im Sinne eines Projektleiters auch nicht verantwortlich.

Innovative Ideen mit disruptivem Charakter werden in das PW-Lab eingebracht. Das Lab hat das Ziel, neue Angebote oder neue Marktideen zu identifizieren, zu bewerten, zu entwickeln und umzusetzen. Nach dem Proof of Concept werden diese Ideen in die Pfalzwerke Gruppe integriert oder auch in Form eines Start-ups realisiert. In ein solches Lab wird gezielt – auch branchenfremdes – externes Know-how eingebracht. Freelancer oder externe Experten werden eingebunden.

Im PW-Lab werden disruptive Ideen realisiert.

Wir wollen im PW-Lab gerade auch Ansätze untersuchen und entwickeln, aus denen sich nicht kurzfristig Geschäft entwickeln lässt. Zu Beginn setzt sich das Team im PW Lab aus vier internen Mitarbeitern, die dauerhaft im Lab arbeiten, und etwa fünf externen Experten, die themenspezifisch eingeladen oder beauftragt werden, zusammen. Um eine kreative Atmosphäre einerseits und eine gewisse Distanz zum operativen Tagesgeschäft andererseits zu gewährleisten, haben wir das PW-Lab in den Räumlichkeiten von DDG:Incubate in Kaiserslautern angesiedelt, unserem Ökosystem für Start-ups und bereits etablierte Corporates. Diese Entscheidung für eine gewisse räumliche Distanz zum operativen Geschäft und zu unserer Hauptverwaltung in Ludwigshafen haben wir ganz bewusst getroffen.

5.3.1 Das Innovationsteam

Das Team ...

- ... repräsentiert viele Bereiche des Unternehmens
- ... ist flexibel in der Zusammensetzung
- ... arbeitet mit modernen Methoden
- ... bringt Ergebnisse

Aktuell arbeitet ein Innovationsteam mit zehn Mitgliedern, die wir aus mehr als 50 Bewerbern auswählen konnten. Diese große Zahl an Interessenten bestärkt uns darin, dass die IDT bei den Mitarbeitern offensichtlich auf positive Resonanz stößt. Es unterstreicht ebenso die Offenheit unserer Mitarbeiter für Veränderungen. Die Mitglieder des Innovationsteams wurden anhand eines – beschreibenden – Kompetenzprofils ausgewählt.

Bei der Bildung des ersten Innovationsteams haben wir uns für ein klassisches internes Bewerbungsverfahren entschieden. Der Bewerbungsprozess war einfach und offen: Per Mail und im Intranet der Pfalzwerke Gruppe, der „Energielounge“, wurden alle Mitarbeiter zur Bewerbung eingeladen. Jeder Interessent erhielt eine Einladung zu einem persönlichen Gespräch. Die Interviews wurden von zwei Mitarbeitern der Pfalzwerke Gruppe geführt, unterstützt von zwei externen Experten. Wir glauben, dass wir damit im Rahmen des Möglichen ein hohes Maß an Objektivität gewährleisten konnten.

In unserer „Ausschreibung“ haben wir nach den folgenden Kompetenzen gesucht:

„Gesucht werden

- kreative Köpfe, die den Status quo hinterfragen wollen,
- motivierte Antreiber und Querdenker, die mit neu gedachten Mustern und Lösungen das Unternehmen voranbringen wollen – gemeinsam und interdisziplinär,
- reflektierte „Extrameilen-Geher“, die ihr Handeln wirklich hinterfragen und entwickeln wollen,
- echte Teamplayer mit Mut und Demut, sachlich Feedback zu geben und entgegenzunehmen.“

Die Kompetenzen haben wir in einem Profil (siehe Bild 5.2 – Auszüge aus unserem Kompetenzprofil) näher beschrieben und operationalisiert. Für die Gespräche haben wir einen standardisierten Leitfaden entwickelt. Dadurch und durch Konstanz im Interviewerteam wollten wir Fairness, Objektivität und Transparenz sicherstellen. Wie alle Auswahlprozesse wurde das Vorgehen natürlich mit dem Betriebsrat abgestimmt.

Der Aufruf war extrem erfolgreich. Die Interviews wurden jeweils von einem Mitarbeiter der Pfalzwerke und einem externen Partner geführt. Sie dauerten etwa 60 Minuten und bestanden aus zehn Fragen an die Bewerber und natürlich einer Gelegenheit für die Bewerber, Antworten auf ihre Fragen zu bekommen. Nach dem Gespräch wurden die Bewertungen im Team konsolidiert und später bei einer gemeinsamen Besprechung dem Transformationsteam vorgestellt. Hier wurde dann die finale Auswahl getroffen.

Ziel war daneben auch, ein Innovationsteam zusammenzustellen, das die unterschiedlichen Abteilungen und Tochterunternehmen repräsentiert. Diese Diversität macht es für die Mitglieder des Teams leichter, bei der Auswahl der Pitch-fähigen Vorschläge die unterschiedlichen wichtigen Aspekte für die Entwicklung des Unternehmens einzubeziehen. Das Auswahlverfahren hat sich aus gegenwärtiger Sicht bewährt. Die im Team vertretenen Kompetenzen ergänzen sich – die verschiedenen Unternehmensbereiche sind vertreten, ebenso wie verschiedene inhaltliche und fachliche Kompetenzen aus den Bereichen: Als Ergebnis haben wir ein Team aus Mitarbeitern der Bereiche Marketing, Vertrieb, IT, Produktentwick-

	Kompetenz	Fähigkeit	Frage Interviewleitfaden	Operationalisierung
1	**Kreativität**	**Fähigkeit, etwas zu** erschaffen, was neu oder originell und dabei **nützlich/brauchbar ist.**	Beschreiben Sie Ihre innovativste Idee im Rahmen Ihres Berufslebens, welchen Einfluss hatte diese?	**Verständnis innovative** Idee/Affinität zur Entwicklung kreativer Ideen
2	Zukunfts-orientierung/ strategische Orientierung	Fähigkeit, mittel-/langfristige Entwicklungen sowie **zukünftige** erfolgskritische Einflussfaktoren zu **berücksichtigen**	Stellen Sie sich vor, Sie sind der Abteilungsleiter Ihrer Abteilung: Was sind die drei **größten Herausforderungen,** mit denen Sie **in den nächsten** 2–5 Jahren konfrontiert werden, und wie werden Sie damit umgehen, um diesen erfolgreich zu begegnen?	Fähigkeit, die eigene **Tätigkeit in einem übergeordneten** unternehmerischen Zusammenhang zu setzen/Bereitschaft Trends und Entwicklung zu verfolgen und auf den eigenen Bereich **übertragen zu können**
3	**Flexibilität**	Fähigkeit, zwischen Themen hin- und her zu wechseln und sich dabei jeweils schnell zu fokussieren	Beschreiben Sie eine Situation, in der Sie sich von **der Fülle an neu an Sie** herangetragenen Aufgaben **überfordert gefühlt haben. Wie** sind Sie damit umgegangen?	**Authentizitäts**-Check
4	Verände-rungsbereit-schaft	Fähigkeit, **Veränderungsbedarf** zu erkennen, **Veränderung als** Chance zu begreifen	Beschreiben Sie eine Situation, in der Sie von einem **Veränderungsvorhaben überrascht wurden. Wie sind**	Flexibilität, sich auf neue Situationen und Themen einzulassen und andere **Menschen dafür begeistern zu können**

Bild 5.2 Das Innovationsteam – Auszüge aus unserem Kompetenzprofil

lung, Technologie und Innovation sowie Netzbetrieb. Die Kompetenzen und Erfahrungen sind breit gestreut – von Projektmanagement über Produktentwicklung und der Vermarktung von digitalen Dienstleistungen bis hin zu Smart Living oder Blockchain. Zukünftig wollen wir ganz im Sinne des agilen Handelns und der Delegation nach unserem Prinzip von „Aufgabe – Kompetenz – Verantwortung" die Entscheidung über die Nachrücker dem Team selber überlassen.

Die Hauptaufgaben des Innovationsteams sind:

- Ideen sammeln und Themen strukturieren (für Leuchtturminitiativen und PW-Lab),
- Priorisierung der Ideen,
- Pitch vorbereiten und durchführen.

Wichtig sind die „Fühler“ in das Unternehmen und das Umfeld hinein, als Grundlage dafür, „Schwingungen“ im Unternehmen und im Markt aufzuspüren. Diese sollen aktiv in die Arbeit des Teams eingebracht werden – es geht darum, Themen aufzuspüren, und auch darum, andere Interessierte aktiv anzusprechen und in geeigneter Form einzubinden und natürlich geeignete Plattformen für den offenen internen und externen Austausch zu schaffen.

Auf unserer Website nehmen wir klar Stellung: „Richtig gute Ideen ... entstehen im Team, da, wo Kreative, Macher, Analytiker, Querdenker und Experten unterschiedlicher Disziplinen zusammenkommen. ... Unsere Kunden von morgen erwarten von einem modernen Energiedienstleister nützliche, einfache und nachhaltige Lösungen, die sie begeistern, zu ihren Bedürfnissen passen und ihren Alltag erleichtern.“ Daran arbeiten wir!

Wenn der Pitch erfolgreich ist, übernimmt ein Mitglied des Innovationsteams die Leitung der Leuchtturminitiative. Aus den Mitarbeitern der Pfalzwerke Gruppe wird dann ein neues Mitglied für das Innovationsteam rekrutiert und in den relevanten Methoden wie Digital Thinking oder Scrum geschult.

Zum Start der gemeinsamen Arbeit führte das (erste) Team einen Workshop durch. Das Team hat sich eingehend mit dem Postulat der Veränderungen in der Pfalzwerke Gruppe beschäftigt:

„Der digitale Wandel verändert die Kundenerwartungen und -beziehungen. Die rasante Entwicklung neuer Technologien ermöglicht fundamental neue Geschäftsmodelle und digitale Prozesse, die digitale Verfügbarkeit und die systematische Auswertung von Daten innerhalb des Unternehmens. Das bedeutet eine veränderte Unternehmenskultur. Die kulturelle Veränderung des unternehmerischen Rahmens ist darauf ausgerichtet, ein hohes Maß an Agilität zu erreichen. Das erfordert ein grundlegendes Umdenken zur interdisziplinären Zusammenarbeit, im weiteren Ausbau der Prozessautomation und der Kundenzentrierung. Produkte werden nur noch erfolgreich sein, wenn sie konsequent die Bedürfnisse der Kunden fokussieren. Die Digitalisierung wird nur dann Erfolg haben, wenn Produkt- und Geschäftsentwicklung im Einklang mit dem kulturellen Wandel stattfindet.“

Ziele der Arbeit im Workshop waren neben dem Kennenlernen vor allem die Klärung des Auftrags und die Definition der Rollen sowie die Abstimmung des Zusammenspiels der Teammitglieder. Zum besseren Kennenlernen diente eine intensive Vorstellung mit ausführlichen Informationen zur Person – ein visualisierter Lebenslauf und die zwei Sparten „Ich biete“/„Ich suche“, natürlich mit Fokus auf die Erwartungen an die gemeinsame Arbeit im Innovationsteam.

Zur „Personalentwicklung“ definierte das Team die Anforderungen an Schulungen zu Themen wie „Scrum“, „Design Thinking“, „Business Model Canvas“ oder „Lean Startup“. Beispielsweise zum Thema „Design Thinking“ haben wir im Mai 2019 einen Workshop durchgeführt.

Exkurs: Design Thinking

Design Thinking ist als Methode definiert, die das Lösen von Problemen (auch „Erfinden" von Lösungen) mit radikaler Kundenorientierung verbindet. „Gute Lösungen" sind nur dann gefunden, wenn der Kunde diese auch will. Insofern ist diese Methode die perfekte Grundlage für unser Handeln hin zu mehr Agilität und Kundenorientierung. Design Thinking, richtig verstanden, ist ein ganzheitliches Konzept. Den Namen trägt diese Vorgehensweise übrigens erst seit dem Jahr 2003.

Design Thinking postuliert, dass eine echte Innovation nur in der Schnittmenge aus den drei gleichberechtigten Faktoren Mensch, Technologie und Wirtschaft entstehen kann. Schlüsselfragen sind: „Was wollen die Menschen?", „Was ist technisch machbar?" und: „Was ist finanzierbar?" Eine Lösung muss diese drei Faktoren gleichberechtigt einbeziehen, nur dann kann sich eine Innovation auch durchsetzen. Die Entwicklung einer neuen Kinderzahnbürste illustriert die Herangehensweise im Design Thinking: Kinderzahnbürsten waren lange kleiner und dünner als die für Erwachsene, Kinder haben schließlich kleinere Hände. Durch Beobachtung fand das Team heraus, dass Kinder wegen ihrer weniger gut entwickelten Feinmotorik allerdings die Zahnbürsten mit der ganzen Faust umgreifen, eben ganz anders als Erwachsene. Eine gute Kinderzahnbürste musste also einen dickeren Griff haben. Diese Veränderung war für das Produkt radikal. Der Hersteller war eineinhalb Jahre lang auf Platz 1 auf der Liste der meistverkauften Zahnbürsten für Kinder in den USA.

Design Thinking ist ein Prozess aus mehreren Phasen – je nach „Schule" vier bis sechs. Der Design-Thinking-Prozess à la Stanford umfasst die sechs Phasen

- Understand (Verstehen),
- Observe (Beobachten),
- Point of View (Standpunkt),
- Ideate (Ideen entwickeln),
- Prototype (Modellieren) und
- Test (Testen).

Der Prozess ist iterativ, je nach Richtung und Tempo der Entwicklung werden Phasen auch mehrfach durchlaufen. Die Phase „Understand" hat das Ziel, das Problem richtig zu benennen und zu verstehen. Nur die Suche an der richtigen Stelle eröffnet die Chance für eine gute Lösung. Schüsselfragen sind zum Beispiel: „Wer sind die Nutzer, welche Bedürfnisse haben sie?" Und ebenso: „Wer gehört nicht zu den Nutzern?" „Welche Lösungen werden **nicht** geliefert?" Methoden reichen von (Online-)Recherchen über Interviews mit Nutzern bis zum „Aufbau" (fiktionaler) typischer Nutzer (Personae – mehr dazu im Folgenden). Der nächste Schritt ist die Phase „Observe". Damit will ich zum Experten für den Nutzer und die Aufgabe werden. Es gilt, das Verhalten in typischen Situationen präzise zu erfassen. Je besser das Verständnis der Bedürfnisse der Zielgruppe, desto höher die Qualität der Lösung. Diese Beobachtungen werden in Geschichten, Bildern oder Mindmaps dokumentiert und – ganz wichtig! –

visualisiert. Nur weil die Kinder in Aktion erlebt wurden, erschloss sich die vollkommen andere Handhabung des Instruments Zahnbürste. Es folgt der „Point of View". In dieser Phase führe ich die verschiedenen Erkenntnisse, Erfahrungen und Meinungen zusammen: typische Nutzer und Nutzungssituationen, Wünsche, Erwartungen, Anforderungen der Nutzer, aber auch mögliche Wettbewerber. Kurz und gut ist das Ziel, möglichst viele Perspektiven aller wichtigen Stakeholder zu erfassen und zu beschreiben, sodass am Ende des Prozesses ein klares und umfassendes Bild steht. In der Phase „Ideate" werden Ideen entwickelt. Hier finden die klassischen Techniken zum divergenten Denken (= Kreativität) Anwendung. Das können beispielsweise Brainstorming, Osborn oder Scamper sein, die Sechs-Hüte-Technik oder die Walt-Disney-Methode. Ziel ist, eine vollkommen andere Qualität der Lösung zu „entdecken". Digitalkameras zum Beispiel sind ganz anders als klassische, das MP3-Format ist vollkommen anders als die CD. In der Phase „Prototype" werden ausgewählte Ideen erprobt. Das kann theoretisch in Rollenspielen sein, anhand von Modellen oder Simulationen oder auch in der „echten" Situation mit realen Nutzern. In konkreteren Entwicklungsstufen konkurrieren meist auch mehrere Ideen. Ziel ist die möglichst große Schnittmenge zwischen wirtschaftlicher Machbarkeit, technischer Umsetzbarkeit und der nutzerdefinierten Wünschbarkeit. Zum Ende – Phase „Test" – werden einer oder mehrere Prototypen unter (möglichst) realistischen Bedingungen erprobt. Der – echte – Nutzer steht hier im Mittelpunkt. Die schnelle und meist wiederholte Abfolge insbesondere der Phasen „Ideate", „Prototype" und „Test" kann die Entwicklung eines neuen Produkts oder einer neuen Dienstleistung erheblich beschleunigen. Die Schritte vier bis sechs wird auch ein gutes Team mehrere Male durchlaufen müssen, bis eine wirklich auf allen Ebenen befriedigende Lösung gefunden wird.

Als Methode zeichnet sich Design Thinking durch die starke Konzentration auf den Nutzer und seine Bedürfnisse aus. Hier steht ausdrücklich im Fokus, was der Kunde will. Doch Design Thinking als ganzheitlicher Ansatz kreist um das richtige Verständnis der Zielgruppe. Daraus werden Ideen entwickelt. Reale Kunden werden bei realen Aktionen beobachtet – in allen Phasen des Prozesses. Entscheidend ist die konsequente Ausrichtung auf den – echten – Kunden und seine wahren Bedürfnisse. Den Mitarbeitern eines Unternehmens bietet Design Thinking die Chance, in tatsächlich interdisziplinären Teams zusammenzuarbeiten und – relativ – frei von Hierarchie tatsächlich innovative Lösungen zu entwickeln. Wir meinen es ernst mit Innovation und Kundenorientierung. Darum ist uns dieser Ansatz wichtig für die Entwicklung neuer erfolgreicher Angebote. ■

Neben Wissensinput ging es uns in der Veranstaltung vor allem darum, die Methode praxisnah zu erproben. Darum haben wir mit der „klassischen" Wallet-Challenge[2] gearbeitet: Ziel ist die Entwicklung einer Geldbörse. Ein gut geeignetes Bei-

---

[2] *https://dschool-old.stanford.edu/sandbox/groups/designresources/wiki/4dbb2/attachments/d5c91/Wallet%20Facilitators%20Guide2012.pdf?sessionID=8af88fee76ecd1fb7879c915073461486c425622*, abgerufen am 04.07.2019

spiel, weil jeder von uns Geld, Kreditkarten und Ähnliches jeden Tag mit sich herumträgt. Geldbörsen haben für uns eine Bedeutung. Wir haben jede Menge Beispiele „vor Augen“, von denen wir uns im Verlauf des weiteren Prozesses befreien müssen, schließlich geht es darum, neue Lösungen zu finden. Prototypen lassen sich mit begrenzten Mitteln im Rahmen einer Veranstaltung gut bauen und ausprobieren. Unser Fazit: Es lohnt sich! Unsere Einstellung hat sich spürbar geschärft! Wir werden zukünftig unser Methodenspektrum deutlich erweitern.

Das Innovationsteam setzte sich konkrete Ziele zur Entwicklung des „Wir-Gefühls“:

- Teamgeist im Vordergrund,
- offene und klare Kommunikation der Arbeitsergebnisse,
- intensive gemeinsame Arbeit,
- Abwechslung durch flexible Gestaltung der Rollen,
- Meetings mit Struktur, Ziel und Ergebnis,
- Feedbackkultur.

Das Team hat eine gemeinsame Vision erarbeitet – anhand von Beispielen erfolgreicher Unternehmen, angepasst an die konkrete Aufgabenstellung und natürlich nach einer intensiven Diskussion. Wir glauben, dass eine gute Vision sieben Eigenschaften hat:

- zukunftsbezogen,
- richtunggebend,
- zeitlos,
- nützlich,
- emotional,
- unverwechselbar,
- glaubwürdig.

Das Ergebnis ist inzwischen öffentlich: „Unsere Vision ist, in einer vom Wandel geprägten Welt neue Ansätze, Ideen und (digitale) Geschäftsmodelle zu entdecken, zu entwickeln und erfolgreich umzusetzen – kundenorientiert und schnell. Dafür arbeiten wir als konzernübergreifendes Team eng zusammen und bündeln unsere Kompetenzen. Im Innovationsteam kommen wir konzernübergreifend zusammen – gepaart mit der nötigen Neugierde und dem Drang nach Veränderung, bereit zur Diskussion und Auseinandersetzung mit dem, was wir zukünftig sein wollen. Gemeinsam bringen wir mit Passion die Vision zur Innovation. Das klingt philosophisch? Ja, wir geben zu, das tut es. Und doch beschreibt dieser Satz, was uns als Innovationsteam vereint: die Leidenschaft für Veränderung und die Bereitschaft, neue Wege einzuschlagen.“

Das Innovationsteam hat eine Reihe von Voraussetzungen für die gemeinsame erfolgreiche Arbeit geplant und mittlerweile auch geschaffen: eine Softwareplattform

(„Monday") für die einfache Zusammenarbeit, regelmäßige Treffen, einen festen Raum für unsere Arbeit und unsere Ideen und mehr. Das Team trifft sich einmal in der Woche. In der Onboarding-Phase haben wir – auch wegen der umfangreichen organisatorischen Abstimmung – dafür einen Tag investiert, seitdem dauern die Treffen meist einen halben Tag. Inhaltlich arbeitet das Team an den Ideen: Welche Herausforderungen sind entstanden? Wie wollen wir damit umgehen? Wen aus den Bereichen wollen wir einbinden? Sind die To-dos umgesetzt? Eine wesentliche Herausforderung bleiben die Ressourcen: Die Arbeit im Innovationsteam kostet viel Zeit, Mitarbeiter aus den Bereichen und deren Führungskräfte müssen für die Idee gewonnen und vom Nutzen des zeitlichen Engagements überzeugt werden. Noch sind nicht alle im Unternehmen hinreichend davon überzeugt, dass das hohe Tempo der Arbeit und die Flexibilität, mit der gearbeitet wird, wesentliche Erfolgsfaktoren sind.

Um Ideen zu entwickeln, nutzt das Team eine Reihe von Kreativmethoden aus dem Design Thinking und dem „Standardsortiment". Diese Techniken wurden als Team gelernt und ausprobiert. Inzwischen finden sie regelmäßig Anwendung. Die gefundenen Ideen müssen bewertet werden, und zwar vergleichbar, transparent und gut dokumentiert. Schließlich sollen sie in den Pitches überzeugen. Neben dem Business Model Canvas und dem wiederholten Testen der Ideen ist die Diskussion auf der Plattform „Monday" ein wesentliches Instrument. Das Team hat gelernt, dass auch zu viele Ideen kritisch sein können – inzwischen werden nur noch fünf Ideen gleichzeitig daraufhin überprüft, ob sich eine davon für den Pitch eignet.

Hier ein Auszug aus der Liste aktueller Ideen:

- Payback: Kooperation beim Vertrieb von Strom und Gas, Payback Onlinestore als Vertriebskanal.
- Disaggregation: Identifizieren hoher Einzelverbrauche (zum Beispiel defekte Kühlschränke oder Klimaanlagen mit überdurchschnittlichem Verbrauch) durch Auslesen des Summenzählers.
- Solar Carport als Selbstbauset in Kooperation mit einer Baumarktkette.
- Straßenlampe „Shiny": Fußgänger werden über dunkle Wege (an denen keine Straßenbeleuchtung mehr vorhanden ist) begleitet, „Shiny" kehrt danach zum Aufladen zurück.

Die Hauptaufgabe des Innovationsteams besteht darin, einen Pool für Ideen zu schaffen – aus eigenen Ideen, externen Anregungen und Vorschlägen der Mitarbeiter. Die einzelnen Ideen werden dann je nach Themenfeld, „betroffenen" Bereichen und dem Entwicklungsstadium der Idee kategorisiert.

Für den ersten Pitch im März 2019 wurden die Ideen nach dem Business Model Canvas entsprechend den neun zentralen Erfolgsfaktoren für Geschäftsmodelle skizziert: Kundensegmente, Werteversprechen, Kanäle, Kundenbeziehungen, Einnahmequellen, Schlüsselressourcen, Schlüsselaktivitäten, Schlüsselpartner und

Kostenstruktur. Sieger war die „Energie-Cloud" – ein Ansatz, der den Besitzern von Fotovoltaikanlagen zukünftig ermöglichen soll, den von ihren Anlagen produzierten Strom auch zu 100 Prozent zu nutzen.

Im ersten Schritt hat das Projektteam Kundendaten ausgewertet sowie eine Markt- und Wettbewerbsanalyse durchgeführt. Für die effektive Ansprache der Kunden wurden nach dem Design Thinking Kunden als Persona erstellt.

Exkurs: Persona

Die Persona ist ein idealisierter typischer Kunde, der in allen Details beschrieben wird und es dann ermöglicht, das Produkt nach Maß zu schneidern.[3] Ein solches Nutzerprofil umfasst persönliche Informationen, beispielsweise zu Alter, Familienstand oder Ausbildung, aber auch zum sozialen und beruflichen Umfeld. Es geht um Use Cases (Wer beeinflusst die Entscheidung? Wie informiert sich der Kunde?), Jobs-to-be-Done (Welche Aufgabe wird mit dem Produkt erledigt?), Pains (Was klappt aktuell nicht?) und Gains (Was macht aktuell zufrieden?). Ziel ist die möglichst präzise Definition der Bedürfnisse einzelner Zielgruppen. Je genauer eine Persona beschrieben wird, desto bessere Erkenntnisse für mein Produkt kann ich gewinnen. Diese – theoretischen – Personae sollten natürlich an der Praxis geschärft werden: Gibt es diesen „Typ" tatsächlich? Muss ich die Beschreibung anpassen?

Eine Persona ist beispielsweise „Anna": eine jüngere Frau, (Mit-)Eigentümerin eines Hauses. Anna hat in eine Solaranlage investiert, sie sieht das als ihren Beitrag zum Klimaschutz und Invest in ihre Zukunft. Anna möchte – natürlich – den selbst erzeugten Strom auch selber verbrauchen. Darum hat sie zusätzlich in einen Stromspeicher investiert. Im Sommer funktioniert das bereits hervorragend. Allerdings – darüber hinaus erzeugter Strom wird in das allgemeine Netz eingespeist. Das ist auch durchaus profitabel. Der Nachteil dieser Lösung: Annas Solaranlage produziert im Winter wenig oder an manchen Tagen auch gar keinen Strom, dann muss Anna einfach Strom aus dem öffentlichen Netz beziehen. Anna sucht also nach einer Lösung – wie kann ich von dem Strom profitieren, den ich im Sommer umweltfreundlich produziere, aber nicht selber verbrauchen oder speichern kann? Diese und andere Personae haben wir zur Förderung der Vorstellungskraft in kurzen Videos porträtiert.

Darum hat das Team die Personae in einer Kundenumfrage durch Mitarbeiter unser Tochter Pfalzsolar testen lassen. In einem zweiten Pitch wird das Team der Leuchtturminitiative das konkrete Konzept zur Umsetzung der Energie-Cloud vorstellen und hoffentlich das Okay zum nächsten Schritt einholen.

---

3) Z. B. Lewrick, M.; Link, P.; Leifer, L.: *Das Design Thinking Playbook*. München 2017

Der nächste Gewinner im Pitch war die Idee, einen Hackathon durchzuführen. Das ist ein Kunstwort aus „Hack“ und „Marathon“. Die Idee kommt – natürlich – aus der IT. Der erste Hackathon soll 1999 auf einer JavaOne-Konferenz durchgeführt worden sein. Teilnehmern wurde die Aufgabe gestellt, in begrenzter Zeit eine Lösung für die Infrarot-Schnittstelle eines PalmOne zu finden. Palms waren „damals“ sehr beliebte digitale Assistenten, die ein paar Funktionen wie zum Beispiel die Adressverwaltung deutlich besser als das klassische Notizbuch erledigen konnten. Eine echte Revolution. Jeder wollte eins. Und über die Infrarot-Schnittstelle konnte man Daten zwischen verschiedenen Nutzern austauschen – beispielsweise Adressen. Jedes Smartphone ist heute natürlich wesentlich leistungsfähiger.

Inzwischen ist das Konzept des Hackathons auch außerhalb der IT populär und durchaus wirkungsvoll. Der Veranstalter eines Hackathons sorgt für Räume, Material, Essen und Trinken und natürlich für spannende Fragestellungen. Teilnehmer werden entweder eingeladen oder erwerben die Berechtigung zur Teilnahme. Nach einführenden Vorträgen arbeiten Teams dann für 24 oder maximal 48 Stunden an der Entwicklung von Lösungen. Das können umsetzungsreife Ideen oder Konzepte genauso gut wie funktionierende Prototypen aus Software oder Maschinenbau sein. Einige Beispiele für Hackathons[4] 2019 sind Veranstaltungen zu den Themen Blockchain, Entwicklung von Lösungen zur Kundenorientierung für Autohändler oder innovative Mobilitätslösungen für das Bundesministerium für Verkehr. Am Ende einer solchen Veranstaltung werden die Lösungen einer Jury vorgestellt, in der Regel erhalten die Gewinner einen Preis. Ein wesentliches Merkmal eines Hackathons ist die offene und lockere Atmosphäre, mit der Spaß und Kreativität gefördert werden sollen.

Unser Hackathon (Bild 5.3) fand Ende November 2019 in Mannheim statt. Wir forderten zu einem offenen Hackathon heraus, die beste Idee gewann einen attraktiven Preis.

---

[4] *https://www.it-talents.de/blog/it-talents/die-besten-hackathons-2019#/-liste-der-besten-hackathons-2019*, abgerufen am 17.06.2019

Bild 5.3 „Unser" Hackathon

Der Einsatz von Drohnen für die Aufgaben des Konzerns ist eine andere „heiße" Idee, an der das Innovationsteam aktuell arbeitet. Welche Mehrwerte können wir für unsere Kunden dadurch anbieten? Was können wir für unsere Arbeit, zum Beispiel im Netzbetrieb, lernen?

Das Innovationsteam hat sich als eine fokussierte Gruppe von ideenreichen Mitarbeitern herausgestellt. Sie sind alle bereit, die berühmte „Extrameile“ zu gehen, sie investieren viel Kreativität, aber auch Zeit, sogar Freizeit. Das Letztere, die Zeit, bleibt leider auch **die** Ressource mit der stärksten Nachfrage. Wir überlegen aktuell, ob wir das Innovationsteam deutlich erweitern und eine neue Ausschreibung starten. Alle an dem Projekt Beteiligten arbeiten sehr gut zusammen – die Idee der bereichsübergreifenden Kooperation hat sich in der Wirklichkeit bewährt.

Auch außerhalb der Initiative Digitale Transformation zeigt sich der aktivierende Charakter unseres Veränderungsprojekts. Es entstehen neue interdisziplinäre und übergreifende Projekte, manche bis dato „ruhende“ Vorhaben nehmen wieder Fahrt auf.

Das Motto unseres Innovationsteams: „Die beste Art, die Zukunft vorherzusagen, ist, sie zu erfinden.“ (Alan Kay)

5.3.2 Digitalisierung als Chance – Start-up für unsere Zukunft

- Start-ups sind schnell und flexibel
- Start-ups sind lernfähig
- Wir wollen davon lernen – und profitieren

Digitalisierung ist eine Chance, unser Unternehmen zu entwickeln. Gerade in unserem Markt deuten sich eine Reihe neuer Geschäftsfelder mit disruptivem Charakter an. Unser Ziel ist der direkte Zugang zu den neuen digitalen Technologien. Dabei ist die Entwicklung innovativer Ideen selten problematisch – schwierig ist es, diese Ideen im traditionellen Umfeld zu identifizieren, umzusetzen und zum Erfolg zu bringen.

Schlüsselfaktoren für den Erfolg sind die strukturierte Suche nach Ideen, eine offene und furchtlose, aber konsequente Bewertung des Potenzials und dann die Fokussierung auf eine schnelle Umsetzung. Beispiele für dieses Vorgehen lassen sich im Start-up-Umfeld finden. Hier werden ständig neue Ideen entwickelt, schnell umgesetzt und meist ebenso schnell wieder aufgegeben oder grundlegend modifiziert. Fehler und das Lernen aus Fehlern sind ein wesentliches Merkmal dieser Dynamik. Die Pfalzwerke wollen von der Dynamik, den Ideen und dem „Drive“ der Start-ups profitieren.

Ein echter Wettbewerbsvorteil der Start-ups ist vor allem ihre Schnelligkeit. Ein Grund ist der Neustart – ohne etablierte Strukturen und gewachsene Prozesse lässt sich schnell und dynamisch handeln, alle Merkmale der Organisation können „auf der grünen Wiese“ neu gebaut werden. Eine anderer ist ihre Größe – in kleineren Unternehmen ist es leichter und geht schneller, sich abzustimmen und Entscheidungen zu treffen. Diese Qualitäten machen den Unterschied aus. Im Mittelpunkt des Handelns von Start-ups steht meist eine zentrale Idee – ein Produkt oder Service, radikal an den Bedürfnissen der Kunden ausgerichtet.

Ohne lange und komplizierte Instanzenwege haben sich darum Ansätze und Methoden wie Design Thinking, Scrum oder Lean Startup etabliert. Diese Methoden sind darauf ausgerichtet, schnell erste Prototypen zu entwickeln, zu testen und weiterzuentwickeln. Das neue Produkt wird schrittweise verbessert, die sofortige Rückkoppelung erlaubt ein hohes Tempo. Fehler werden dabei als Chance zum Lernen und zur weiteren Entwicklung gesehen. Nicht vergessen werden darf dabei die Bereitschaft der Investoren, einen anderen Umgang mit insbesondere finanziellen Ressourcen als im klassischen Geschäft zu akzeptieren.

In etablierten – und meist deutlich komplexeren – Unternehmen gibt es Besitzstände, Silodenken, den Kampf um Ressourcen für konkurrierende Ziele, Renditeerwartungen – kurz und gut: eine Fülle von Interessenkonflikten in einem hochkomplexen Umfeld. Innovationen werden dadurch be- oder sogar verhindert. Ein einfacher Weg, von den Vorteilen der Start-up-Kultur zu profitieren, ist die direkte Anbindung an das Umfeld. Dieser Ansatz bietet den Zugang zu konkreten Ideen, Erfahrungen mit Geschäftsmodellen und Unternehmenskulturen sowie direkte Einblicke in Arbeitsweisen und Methoden.

5.3.3 Das DDG:Incubate

Wir bieten …

- … ein Ökosystem für digitale Innovationen
- … Inkubator und Company Builder

… in einem leistungsfähigen Netzwerk

Als Ergebnis dieser Überlegungen haben wir uns im März 2018 an dem in Kaiserslautern gegründeten DDG:Incubate beteiligt. Der Name steht für Digital Devotion Group. In früheren Publikationen haben wir noch den Namen DT:HUB (Digital Transformation:HUB) verwendet. Die Unternehmung ist dieselbe, DT:HUB heißt inzwischen allerdings nur noch der Gebäudekomplex. Die Pfalzwerke AG ist einer der größeren Kapitalgeber, im Verbund sind weitere Investoren wie andere mittelständische Unternehmen, die Investitions- und Strukturbank Rheinland-Pfalz sowie regionale Business Angels. Unser Ziel mit dem Aufbau des DDG:Incubate ist, Gründerteams und Start-ups gute Rahmenbedingungen für die Entwicklung ihrer Geschäftsideen zu bieten.[5] Die Schwerpunkte im DDG:Incubate liegen aktuell auf

[5] Hitschler, W. & Kellermann, D.: DT:HUB – Etablierte und Start-ups machen Zukunft. In: Doleski, O. D. (Hrsg.): Realisierung Utility 4.0. – Praxis der digitalen Energiewirtschaft vom Vertrieb bis zu innovativen Energy Services. Bd. 1. Wiesbaden: 2019

Lösungen in der Cross Reality (Augmented und Virtual Reality), Artificial Intelligence (Automatisierung intelligenten Verhaltens und maschinelles Lernen) und des Internet of Things (Technologien zur Vernetzung der Infrastruktur). Bei der Ausrichtung der Themen setzen wir gezielt auf zukunftsfähige Themen unabhängig vom klassischen Geschäft der Energiebranche – wir wollen disruptive Geschäftsmodelle.

Den Standort Kaiserslautern haben wir wegen der guten Anbindung an die Technische Universität gewählt. Neben der technischen Grundausrichtung der Fächer sind im Umfeld renommierte Forschungsinstitute wie zum Beispiel die Fraunhofer-Institute für experimentelle Softwareentwicklung sowie für Techno- und Wirtschaftsmathematik und das Deutsche Forschungszentrum für Künstliche Intelligenz (DFKI) angesiedelt.

Das Angebot des DDG:Incubate richtet sich an drei Zielgruppen:

- „Pioneer Program" – der „klassische" Fall, dass Gründer und Teams Ideen haben und jetzt Unterstützung, Infrastruktur und Zugang zu Netzwerken benötigen.
- „Investor Program" – für Investoren, die nach interessanten Anlagemöglichkeiten suchen und gleichzeitig innovatives Unternehmertum unterstützen wollen.
- „Corporate Program" – für Unternehmen, die eigene Ideen haben und in diesem besonderen Umfeld entwickeln möchten, auch mit dem Vorteil, keine eigenen Strukturen im Unternehmen aufbauen zu müssen.

Wir nutzen einen strukturierten Ansatz, um digitale Innovation zu erzeugen und zum kommerziellen Erfolg zu führen. Neben der Unterstützung der Innovationen selber durch Know-how und Finanzierung bieten wir professionelle Unterstützung an, um gute Ideen zu skalieren und in den Markt zu führen. Das auf ein Jahr angelegte „Pioneer Program" durchlaufen Start-up-Teams in ihrer Gründungsphase. Ihnen stehen Räume, Infrastruktur, Coaching und Zugang zum Netzwerk zur Verfügung. In dieser Zeit werden sie unterstützt, aber die Idee wird auch gründlich geprüft. Nach etwa einem Jahr wird dann entschieden, ob die Idee genügend Potenzial aufweist, um in ein Geschäftsmodell überführt zu werden. Die Pfalzwerke haben dann die Möglichkeit, sich am Unternehmen zu beteiligen. Die Auswahl der Gründerteams und Start-ups erfolgt nach einer sorgfältigen inhaltlichen und technischen Bewertung der Idee. Natürlich steht auch das Team selbst im Fokus: Ist die Zusammenstellung ausgewogen oder lassen sich die Erfolgschancen durch die Erweiterung des Kompetenzprofils deutlich verbessern? Wichtig ist für uns die Balance zwischen Technik, Vertrieb und Finanzen. Nach unseren bisherigen Erfahrungen sind viele innovative Ideen in den meisten Fällen technisch durchdacht und oft auch umsetzbar. Die betriebswirtschaftlichen Fragestellungen lassen sich jedoch oft (noch) nicht ausreichend gut beantworten. Im DDG:Incubate wird bereitgestellt, was Start-ups auf dem Weg zum Geschäftsmodell benötigen: Arbeitsumfeld und Arbeitsmittel und vor allem Zugang zu den Kontakten in Form von Know-how-Trägern, beispielsweise für betriebswirtschaftliche Themen. Im Vordergrund steht der Netzwerkcharakter, der zum Beispiel den Zugang zu Märkten und Kunden, zu Investoren und Kapitalgebern erleichtert. Wenn die Idee überzeugend ist, kann auch das DDG:Incubate selbst als Mitgründer auftreten und sich in der Anlaufphase am Unternehmen beteiligen. Nach einer „Reifezeit" sollen Erfolg versprechende Geschäftsmodelle in ein echtes Start-up überführt werden - die Wahrscheinlichkeit eines Erfolgs steht ganz klar im Vordergrund. Aktuell arbeiten in unseren Räumen Start-ups wie ZREALITY, Urban Timetravel oder die Vineyard Cloud.

Das „Corporate Program" ist ein Angebot an Unternehmen mit Ideen, die sich aber wegen fehlender Ressourcen oder Kompetenzen oder wegen organisationaler Hindernisse nicht im Haus realisieren lassen. Im DDG:Incubate kann die Idee in einem Projekt weiterentwickelt werden, benötigte externe Ressourcen werden eingeworben. Durch die guten Netzwerke in der Zusammenarbeit mit der Universität, den Forschungsinstituten und einzelnen Fachleuten ist das häufig leichter möglich. Getrennt von den Grenzen der eigenen Organisation kann ein solches Projekt oft schneller und konsequenter vorangetrieben werden. Der mögliche Austausch mit Start-ups bedeutet zusätzlichen Antrieb. Eine entwickelte Idee kann dann, zum Beispiel in Form eines Spin-offs, an den Markt gehen. Bei der Entwicklung des Geschäftsmodells und der Finanzierung bieten die Infrastruktur, das Netzwerk und Know-how die beste Unterstützung. Dieses „Öko-Umfeld" der Start-up-Szene nutzen wir auch selbst für unsere Projekte im PW-Lab, das wir darum dort angesiedelt haben.

Die bisherigen Erfahrungen seit der Eröffnung Anfang 2018 zeigen, dass das Konzept bei Gründerteams und Start-ups gefragt ist. Aktuell (Mitte 2019) sind die zunächst geplanten Räume gut gefüllt. Im Frühjahr 2020 können wir mit einem Neubau dann insgesamt 3000 Quadratmeter anbieten.

Beispiel 1: Augmented Reality für die Pfalzwerke

In einem Fall arbeiten die Pfalzwerke bereits mit einem Start-up aus dem DDG:Incubate zusammen. Im Sommer 2018 startete das erste Pilotprojekt der Pfalzwerke Netz AG mit der ZREALITY GmbH, das sind Spezialisten für Softwareentwicklung im Bereich Virtual, Mixed und Augmented Reality. Gemeinsam arbeiten wir an der Einführung von Augmented Reality im Netzbetrieb.

Wenn Mitarbeiter in einem Umspannwerk Schaltungen ändern oder Fehler beheben, ziehen sie aktuell noch komplexe Schaltpläne aus Ordnern mit 500 bis 1000 Seiten zurate, das ist nicht nur zeitaufwendig, sondern auch körperlich eine Belastung. Mithilfe einer Augmented-Reality-Brille lässt sich eine App starten, die die dann benötigten Schaltpläne in das Sichtfeld projiziert.[6] Diese App kann über Gesten oder Sprache gesteuert werden. Die etwa 25 000 Schaltpläne pro Umspannwerk

---

6) In der Augmented Reality wird die reale Welt um virtuelle digitale Inhalte angereichert - in diesem Fall um die Schaltpläne.

lassen sich auf einem Gerät speichern. Anhand dieser Schaltpläne kann dann der Experte die Fehler suchen und beheben. Die Arbeit wird leichter und schneller.

In dem Projekt wird der Einsatz von Augmented Reality in der Praxis erprobt. Hindernisse sind aktuell noch das Gewicht der Brille, die durch den hohen Energiebedarf begrenzte Einsatzzeit und der limitierte Speicherplatz. Der Start ist insgesamt gleichwohl positiv zu bewerten. Da auch in diesem Umfeld Hard- und Software in hohem Tempo weiterentwickelt werden, rechnen wir damit, dass Smartglasses bald im Netzbetrieb zum Einsatz kommen können. Auch der Einsatz für virtuelle Schulungskonzepte wird bereits erprobt.

Dieser Kooperationsansatz ist ein typischer Anwendungsfall: Das DDG:Incubate macht es möglich, gemeinsam mit externen, fachkundigen Ressourcen eine Idee umzusetzen. Das Team kann arbeiten, ohne die Organisation des Unternehmens zu stören oder gestört zu werden.

Beispiel 2: Zeitreisen für Touristen

In seinem Buch *Timeline* beschreibt Michael Crichton eine amerikanische Hightech-Firma, die es mithilfe eines Quantencomputers möglich macht, Zeitreisen in die Vergangenheit zu unternehmen.[7] In dem Werk geht es konkret um eine Reise in das Mittelalter des 14. Jahrhunderts und das Eintauchen in die realen und natürlich höchst dramatischen Ereignisse vor Ort. Ganz so weit ist unser Start-up noch nicht. Immerhin ist es aber möglich, beispielsweise in Luxemburg die Stadt so zu sehen, wie sie ein Besucher im 19. Jahrhundert erlebt hätte.[8] Mithilfe einer Virtual-Reality-Brille tauchen die Teilnehmer in das Pfaffenthal von damals ein.

Die Pfalzwerke haben mit der Beteiligung am DDG:Incubate einen wesentlichen Baustein der digitalen Transformation geschaffen. Der Zugang zu disruptiven Ideen und neuen Geschäftsmodellen bietet gute Möglichkeiten. Auch die Unternehmenskultur kann vom Umgang mit den Start-ups und den Herausforderungen profitieren.

---

7) Crichton, M.: *Timeline*. London 2000

8) *https://www.luxembourg-city.com/de/ansicht/tours/timetravel-gef-hrte-tour, abgerufen* am 04.07.2019

6 Agile Veränderung in der Pfalzwerke Netz AG – T. A. L. K.

- Von der Analyse über die Vorbereitung zur Veränderung – der systematische Weg
- Unternehmenskultur und Geschäftsmodelle im Fokus
- T. A. L. K. bearbeitet Kommunikation und Entwicklung im Team

6.1 T. A. L. K. – ein Reifegradmodell als Basis mit klar definiertem Zielbild

- Systematische Entwicklung mit einem Reifegradmodell als Basis
- Über die Bestandsaufnahme als Ausgangspunkt ...
- ... zu klar definierten Zielen

Die Pfalzwerke Netz AG befindet sich mitten im Prozess, die Unternehmenskultur weiterzuentwickeln, die Geschäftsmodelle zu überprüfen und neue zu entwickeln. Die Pfalzwerke Netz AG ist der Netzbetreiber für die Pfalz und die Saarpfalz. Sie verantwortet die Planung, den Bau, den Betrieb und die Instandhaltung des Stromnetzes im Versorgungsgebiet. Es besteht eine allgemeine Versorgungspflicht, das heißt, jeder Verbraucher muss mit Strom versorgt und jedem Stromerzeuger die Einspeisung und Durchleitung ermöglicht werden. Wir versorgen rund 1,6 Millionen Einwohner auf 6000 Quadratkilometern Fläche. Mit etwa 440 Mitarbeitern wird ein Umsatz von 450 Millionen Euro erwirtschaftet.

Wir stehen vor der Aufgabe, Stabilität und Wachstum in unserem Marktumfeld zu sichern. An anderen Stellen in diesem Buch ist ausführlich die Rede von den Herausforderungen unseres Marktes. Schwerpunkte unserer aktuellen Aktivitäten sind die Weiterentwicklung der Unternehmenskultur, die Überprüfung der bestehenden Geschäftsfelder und die Entwicklung neuer innovativer Geschäftsmodelle. Im intensiven Dialog mit unseren Mitarbeitern haben wir die Initiative „T. A. L. K.“ (Bild 6.1) aufgelegt. Die Buchstaben stehen für **T**eam und **T**ransparenz, **A**gilität und **A**npassungsfähigkeit, **L**abor und **L**ernen, **K**undenorientierung und **K**ommunikation. Sie beschreiben die verschiedenen Ansatzpunkte und Methoden für Verbesserungen, die wir im intensiven Dialog mit den Mitarbeitern in Angriff genommen haben und weiter vorantreiben.

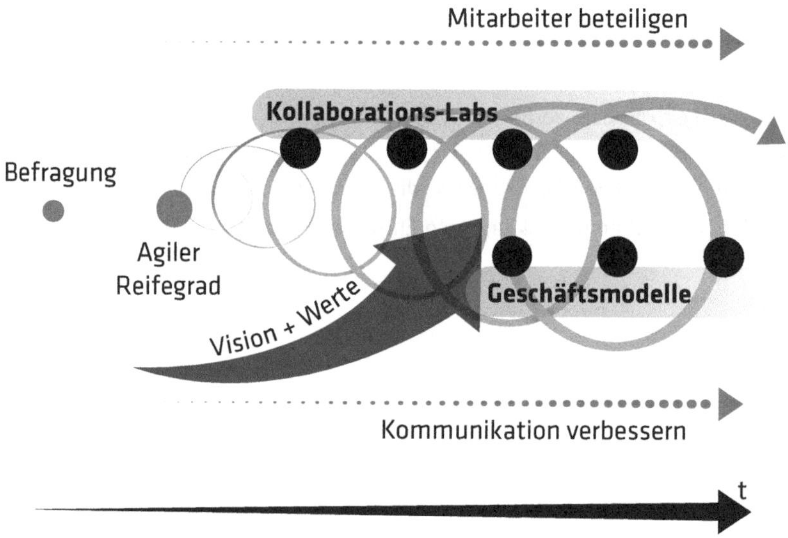

Bild 6.1 T. A. L. K. – Agiler werden, Ziele erreichen

Der zentrale Begriff ist „Agilität“. Im Kapitel 4.2 haben wir die wesentlichen Anforderungen an Mitarbeiter und Führungskräfte, aber auch an das Unternehmen selbst definiert. Ziel ist „Empowerment“, die Verbesserung der Handlungsfähigkeit der gesamten Organisation: Der Kunde steht im Mittelpunkt, Führungskräfte und Mitarbeiter handeln eigenverantwortlich.

6.1.1 Das Reifegradmodell

Am Anfang des Projekts stand eine Bestandsaufnahme mittels eines Reifegradmodells als Basis zur gezielten Weiterentwicklung des Unternehmens. Um das eigenverantwortliche Handeln voranzutreiben, wurden Mitarbeiter zu Veränderungsbegleitern entwickelt. Ein weiteres zentrales Thema waren die Entwicklung der Vision und die Ableitung von Verbesserungen sowie die Entwicklung neuer Geschäftsfelder. In der Folge erläutern wir die einzelnen Module.

Unsere Sichtweise vom eigenverantwortlich und motiviert handelnden Mitarbeiter entspricht dem Menschenbild Typ Y von Douglas McGregor.[1] Menschen sind demnach ehrgeizig und arbeiten freiwillig auf sinnvolle Ziele hin. Motivation ist für sie - auch - die Freude an der Leistung. Für unsere Mitarbeiter hat Arbeit einen hohen Stellenwert, sie schafft Zufriedenheit. Menschen dieses Typs streben nach Flexibilität und Verantwortung, sie wollen kreativ sein. Die hauptsächliche Verantwortung des Managements besteht darin, die Rahmenbedingungen für erfolgreiche operative Arbeit zu schaffen. Führungskräfte moderieren und unterstützen die Arbeit und natürlich das Team. Führungskräfte stehen dabei vor der Herausforderung, die Unsicherheit auszuhalten, die durch den nicht mehr direkten Zugriff auf das Handeln und damit auf das Ergebnis entsteht. Das Handeln selber wird „vor Ort" entschieden und realisiert. Dafür erhalten Führungskräfte Freiheit von Sachaufgaben, sie können einen wichtigen Teil ihrer Zeit nun den tatsächlichen Führungsaufgaben widmen. Führung konzentriert sich darauf, Mitarbeiter zu befähigen und sie bei ihrem Handeln zu unterstützen. Nur mit diesem Menschenbild im Hintergrund kann sich ein Unternehmen agil(er) entwickeln. Gerade die Führungskräfte brauchen Unterstützung dabei, diese für viele noch neue Rolle anzunehmen und auszufüllen. Darum begleiten wir unsere Mitarbeiter mit einem speziellen Trainingspaket bei den anstehenden Veränderungen. Eine ausführliche Darstellung der Maßnahmen finden Sie im Kapitel 4.2.2.

Seit Sommer 2017 befassen wir uns bei der Pfalzwerke Netz AG gezielt mit dem Thema „Veränderung". Was immer wir verändern wollen - zunächst einmal ist es gut, den aktuellen Status festzustellen. Wir haben den Reifegrad der Organisation für agile Veränderungen anhand eines Modells eingeschätzt. Dieses Modell unterscheidet drei Arten von Organisation:

- Die „klassische Organisation" ist geprägt durch eine klare Hierarchie mit einer deutlichen Definition von Entscheidung und Verantwortung. Diese Organisation ist effizienzgetrieben. Mitarbeiter werden nur begrenzt in die Entscheidungsfindung einbezogen. Die Bewertung - und Entlohnung - der Mitarbeiter wird anhand ihrer Leistungen vorgenommen.
- Die nächste Stufe im Modell ist die „empowerte Organisation" - das bedeutet mehr Teilhabe für die Mitarbeiter. Es gibt weiterhin eine klare Hierarchie, allerdings werden die Mitarbeiter in die Entscheidungsfindung einbezogen, sie haben auch größere Freiräume für eigene Entscheidungen.
- In der „Self-Managed Organisation" wird Führung integrativ verstanden - die Verantwortung für Entscheidungen wird auf alle Mitarbeiter des Unternehmens verteilt. Ähnlich wie in einem Projekt werden die Aufgaben und Verantwortungen je nach Situation neu verteilt. Je nach Gegebenheit passt sich die Struktur des Unternehmens - zeitlich befristet - an.

---

1) McGregor, D.: *The Human Side of Enterprise*. New York 1960

Der Reifegrad der Organisation wird anhand der fünf Stellhebel Strategie, Führung, Mitarbeiter, Prozesse sowie Partner und Ressourcen eingeschätzt:

- „Strategie“ umfasst die Themen, die das Handeln des Unternehmens grundsätzlich betreffen – Strategie, Werte, Vision und Mission (zum Beispiel Strategieentwicklung und -umsetzung, Kommunikation und Umsetzung der Unternehmenswerte).
- „Führung“ umschließt das Managementsystem, Entscheidungswege und -techniken, die Verteilung von Verantwortung und Macht sowie die Zusammenarbeit (zum Beispiel Führungsleitbild, Beurteilung und Feedback).
- Unter dem Stellhebel „Mitarbeiter“ versammeln sich alle Themen, die generell Personal und Human-Resources-Prozesse betreffen (zum Beispiel Gehalt, Beförderung oder Zeiterfassung).
- „Prozesse“ meint alle Themen, die Abläufe im Unternehmen beschreiben (zum Beispiel Produktentwicklung oder Innovation).
- „Partner und Ressourcen“ schlussendlich sind die Themen Investitionen, Wissens- und Lieferantenmanagement (zum Beispiel Entscheidungsbefugnisse in diesen Handlungsfeldern).

Anhand der unterschiedlichen Ausprägungen in den einzelnen Dimensionen ist es möglich, den gegenwärtigen Status des Unternehmens zu bestimmen. Hierzu ein Beispiel: Führung ist die Definition und Festlegung der Grundstrukturen der Organisation mit Vision, Mission, Werten und ethischen Grundsätzen als Basis. „Führung“ klärt, wie die Grundregeln für Prozesse der Entscheidung im Unternehmen geregelt sind. Wesentlich ist, dass die zugrunde liegenden Managementsysteme immer wieder überprüft und verbessert werden, mit Blick darauf, die Ziele in der Zusammenarbeit zu erreichen. Führung soll das Vertrauen in die Organisation stärken und sicherstellen, dass diese Ziele erreicht werden. Führungskräfte sollen ihre Rollen ausfüllen und allen Mitarbeitern der Organisation als Vorbild dienen.

- Führung in der „klassischen Organisation“: Die Unternehmensregeln werden über Prozesse definiert, es gibt Stellenbeschreibungen mit der Definition der Aufgaben, Kompetenzen und Verantwortung. Das Unternehmen hat klare Strukturen. Die Top-down-Kontrolle erfolgt durch eindeutig bestimmte Hierarchien. Das Unternehmen wird nach der Wenn-dann-Logik gesteuert: Nach Erkennen des Problems wird an der Lösung gearbeitet. Regeln werden angepasst, wenn sich die Rahmenbedingungen ändern. Prozessverantwortliche haben keine Entscheidungsgewalt über die Prozesse. Der Aufbau der Organisation ist meist funktional organisiert. Die Schnittstellen zwischen den Funktionseinheiten werden über Prozesse geregelt. Typische Instrumente sind Arbeitsanweisungen, Prozessbeschreibungen, Verfahrensanweisungen, Organigramme oder Prozessdiagramme.
- „Empowerte Organisation“: Das Vorgehen in Prozessen ist festgelegt, Mitarbeiter können in einem definierten Rahmen eigenständig handeln. Teams tragen Verant-

wortung, letztendlich entscheidet jedoch ein dafür ausgewählter Vorgesetzter. Innerhalb von (Projekt-)Teams wird häufiger nach den Prinzipien der „Self-Managed Organisation“ gearbeitet (siehe unten). Die Zusammenarbeit zwischen Teams ist effizienzorientiert. Projekte werden meist in einer Matrixorganisation bearbeitet.

- „Self-Managed Organisation“: Die Regeln werden über Rollenbeschreibungen definiert. Es gibt Unternehmensziele sowie klare Beschreibungen von Aufgaben, Bereichen und Verantwortung. Mitarbeiter tragen Verantwortung für die eigene Leistung, in der Wahl der Vorgehensweise sind sie frei. Damit können Mitarbeiter auch keine Rückdelegation an die Hierarchie vornehmen. Es gibt ein Regelwerk, an das sich Mitarbeiter und Management gebunden fühlen. Die Macht ist an die Rolle gebunden, Rollen können wechseln, auch schnell. Es gibt ein Mehr an Strukturen und höherer Verbindlichkeit, das verlangt nach größerem Aufwand für Abstimmungen. Der Prozess erlaubt die Weiterentwicklung von Regeln und Modellen der Zusammenarbeit. Es gibt Mechanismen, um Macht einzugrenzen.

Vergleichbare Definitionen gibt es für jeden der fünf Stellhebel – Strategie, Führung, Mitarbeiter, Prozesse sowie Partner und Prozesse. Diese Stellhebel wiederum sind detailliert beschrieben: Führung beispielsweise in den Aspekten Managementsystem, Entscheidung und Verantwortung, Ziele und Performance Management oder Strukturen.

6.1.2 Die Beurteilung nach dem Reifegradmodell

Anhand dieses Reifegradmodells haben wir den Entwicklungsstand der Pfalzwerke Netz AG bewertet. Zunächst wurde eine Online-Befragung zur Einschätzung des agilen Reifegrads durch die Mitarbeiter durchgeführt. Der Fragebogen umfasste 34 Fragen mit einer Fünf-Punkte-Skala für die Antworten. Ein Beispiel für eine Frage: „Woran orientiert sich bei Ihnen die Festlegung strategischer Ziele?“, und die möglichen Antworten:

- A: Die Zielsetzung orientiert sich bei uns an den aktuellen und potenziellen Fähigkeiten der Organisation, der strategischen Ausrichtung und der Leistung von Mitbewerbern.
- B: Nicht ganz A, aber auch nicht ganz C.
- C: Die Zielsetzung orientiert sich vorwiegend an der unternehmerischen Ausrichtung. Verschiedenste Umweltfaktoren und externe Interessen (zum Beispiel von Kunden und Lieferanten) werden dabei berücksichtigt.
- D: Nicht ganz C, aber auch nicht ganz E.
- E: Bei uns wird das strategische Zielemanagement bewusst durch operatives Zielemanagement ersetzt. Wir konzentrieren uns vor allem auf die Wertearbeit und die stete Anpassung unserer Vision an unser Organisationssystem und die Mitarbeiter.

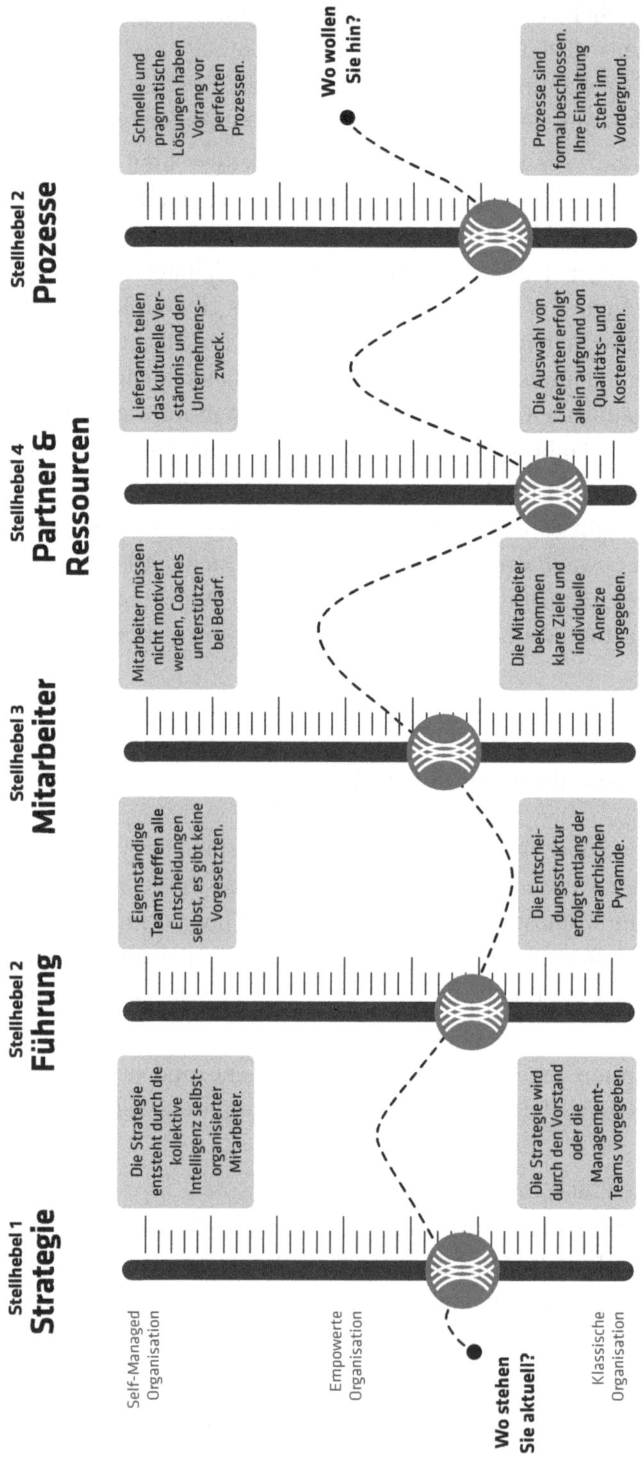

Bild 6.2 Wo stehen wir? Ergebnis der Befragung

Das zusammenfassende Ergebnis (Bild 6.2) zeigt es auf einen Blick: Es gibt einiges zu tun. Beispielsweise wurde der Pfalzwerke Netz AG eine recht starke Tendenz attestiert, Entscheidungen an der Hierarchie orientiert statt eigenständig und eigenverantwortlich zu treffen. Im Mittelwert aller Antworten lagen wir auf der Skala von 0 bis 5 – je nach Stellhebel – im Bereich von 1,8 bis 2,2. Wir haben uns entschlossen, diesen wenig befriedigenden Zustand nachhaltig zu verändern.

Ziel des Projekts T.A.L.K. sind die verbesserte Ausrichtung am Kunden durch die Steigerung der Agilität und Zielorientierung in der Pfalzwerke Netz AG, die Förderung der Kommunikation und Zusammenarbeit aller Mitarbeiter und natürlich Spaß an der Arbeit. Wir tun dies nicht zum Selbstzweck, sondern um den Erfolg des Unternehmens nachhaltig zu sichern.

6.1.3 Workshop zur Definition der Handlungsfelder

Ein Workshop mit dem erweiterten Führungskreis am 7. Juni 2018 war der Startschuss – oder eher einer der Startschüsse für unser Projekt. Schwerpunkt dieser Veranstaltung waren die Entwicklung eines Soll-Zustands und die Definition der wichtigsten Handlungsfelder. Ein Ergebnis war der Beschluss, uns auf die (Weiter-) Entwicklung der Strategie und die Verbesserung der Kommunikationskultur zu konzentrieren. Die Kombination dieser zwei Ansatzpunkte entspricht auch unserer Grundüberzeugung, dass sich Menschen und Geschäft nur Hand in Hand entwickeln lassen.

In dem Workshop haben wir die weitere Entwicklung der entsprechenden Handlungsfelder detailliert geplant. Dazu ein Beispiel:

Stellhebel „Kommunikation und Verankerung der Strategie“

- „Klassische Organisation“: Von einer neuen strategischen Ausrichtung des Unternehmens erfahren die Mitarbeiter meist zum Zeitpunkt der offiziellen Bekanntgabe im und außerhalb des Unternehmens.
- „Empowerte Organisation“: Mitarbeiter werden in Workshops und Veranstaltungen in die Strategiearbeit einbezogen, kommunizieren diese aktiv und treiben sie durch Projekte freiwillig und selbständig voran. Dies geschieht, solange ihre Führungskräfte sie dabei unterstützen.
- „Self-Managed Organisation“: Die Reflexion unserer Strategie ist fester Bestandteil der täglichen/wöchentlichen Meetings aller Mitarbeiter. Dies ermöglicht es uns, Aufgaben so zu priorisieren und Strategien so anzupassen, dass sie bestmöglich der Umsetzung der Vision und Werte dienen.

Relevante Leitfragen, um diesen Stellhebel nach rechts zu verschieben:

- Wie wurde/wird die Unternehmensstrategie an die Mitarbeiter kommuniziert?
- Wie wird sichergestellt, dass die Mitarbeiter sie verstehen und sie verfolgen?
- Was ist der Beitrag eines jeden Mitarbeiters für die Strategie?

Mögliche Maßnahmen, um den Stellhebel nach rechts – in Richtung „Self-Managed Organisation“ – zu verschieben:

- Erstellung und Umsetzung einer Kommunikations-/Dialogserie zur Unternehmensstrategie (Newsletter, Interviews, Filme etc.).
- Kontinuierlicher Mitarbeiterdialog zum Thema Strategie: „Was bedeutet die Strategie für mich und meinen Verantwortungsbereich?“

In dieser detaillierten Form haben wir 34 verschiedene Aspekte der zwei Handlungsfelder „Strategie“ und „Kommunikation“ bearbeitet. Wir haben nach dem Workshop mit der Umsetzung begonnen und arbeiten weiter konsequent an den Themen. Zur Verbesserung der Kommunikation haben wir beispielsweise beschlossen, vermehrt mit Newslettern und Artikeln im Intranet zu arbeiten, alle Mitarbeiter stärker mithilfe von Videos oder kurzen Vorträgen zu informieren. Da die Mitarbeiter der Dreh- und Angelpunkt des Unternehmens sind, wollen wir ihnen so die Notwendigkeit, aber auch den Reiz und die Chancen gezielter Veränderung deutlich machen.

6.2 Veränderungsbegleiter als Multiplikatoren

- Mitarbeiter übernehmen eine aktive Rolle
- Veränderungsbegleiter als Multiplikatoren
- Intensive Vorbereitung als Erfolgsfaktor

Ein wesentlicher Schritt für die Entwicklung der Pfalzwerke Netz AG ist unser Plan, Mitarbeitern eine aktive Rolle in dem Prozess zu übertragen. Unser Ziel ist ein Arbeitsumfeld, das von Selbstverantwortung, Kundenorientierung und natürlich Spaß an der Arbeit geprägt ist. Das geht nur, wenn alle Mitarbeiter des Hauses überzeugt sind und die Veränderung durch ihre aktive Unterstützung vorantreiben. Veränderungsbegleiter spielen bei dieser Transformation eine entscheidende Rolle als Multiplikatoren und Vermittler. Wir haben Mitarbeiter aus allen Abteilungen der Pfalzwerke Netz AG aufgerufen, sich als Veränderungsbegleiter zu bewerben.

Veränderungsbegleiter sind für den erfolgreichen Change prädestiniert, da sie mit der bisherigen Unternehmenskultur vertraut sind, denn sie sind ein Teil davon. Sie kennen die ungeschriebenen Gesetze, die Wege und das Tempo des Unternehmens. Sie haben kurze Wege durch Zugriff auf bestehende interne Netzwerke und einen Vertrauensvorsprung bei den Kollegen. Sie bleiben während der gesamten Veränderung im Unternehmen.

Wir haben die Rolle des Veränderungsbegleiters beschrieben als

- Sprachrohr und Interessenvertreter der Mitarbeiter bei der Entwicklung von Lösungen,
- (Über-)Träger neuer Ideen und Lösungen in den Kollegenkreis,
- Ansprechpartner für ihre Kollegen bei der Umsetzung neuer Methoden und
- zur Klärung von Fragen und Unsicherheiten (bevorzugt durch „offensive" Kommunikation).

All das definiert den Veränderungsbegleiter in der Verantwortung, Veränderungen nachhaltig im Unternehmen zu verankern und (bottom-up) den Stimmen der Mitarbeiter bei wichtigen Themen Gehör zu verschaffen.

Hier unser Anschreiben an alle Mitarbeiter:

Liebe Mitarbeiterinnen und Mitarbeiter,

wir freuen uns, Ihnen T. A. L. K. vorzustellen. T. A. L. K. ist unser Projekt, um die Pfalzwerke Netz AG auch für die Zukunft zu rüsten. Wir wollen gemeinsam daran arbeiten, agiler und konzentrierter zu werden. „Getauft" haben wir das Projekt in einem Workshop. T. A. L. K. steht für **T**eam und **T**ransparenz, **A**gilität und **A**npassungsfähigkeit, **L**abor und **L**ernen, **K**undenorientierung und **K**ommunikation. Genau diese Themen stehen im Mittelpunkt von T. A. L. K.

T. A. L. K. – Was genau ist das Ziel?
Ihre Freude an der Aufgabe und Ihr großes Engagement spiegeln sich täglich in der Qualität Ihrer Arbeit wider. Auf diese Stärke sind wir stolz!

Damit wir uns diese Stärke bewahren und weiter ausbauen, damit unsere Kunden und Partner auch weiterhin von unserer Leistung profitieren, darum haben wir die Initiative T. A. L. K. ins Leben gerufen.

Wir fördern und verbessern mit T. A. L. K. die Kommunikation und Zusammenarbeit aller Mitarbeiter und Führungskräfte. Wir wollen gemeinsam ein Arbeitsumfeld schaffen, das geprägt ist von Spaß an der Arbeit, Selbstverantwortung, Kundenorientierung und Flexibilität.

Dabei bauen wir auf Ihre Unterstützung. Beteiligen Sie sich an T. A. L. K. – mit Ihrem Wissens- und Erfahrungsschatz, mit Ihrer Wissbegierde und Ihrer Freude an neuen Ideen.

T. A. L. K. – Der erste Schritt
Los geht es Anfang September mit einem Workshop für die ersten acht Veränderungsbegleiter. Und dann beginnt die gemeinsame Arbeit – zunächst an der Meeting-Kultur. Das war für Sie alle in unserer Befragung der wichtigste Punkt. Wir werden Sie über die Ergebnisse informieren.

T. A. L. K. – Wie können Sie sich beteiligen?
Wir werden in verschiedenen Veranstaltungen Mitarbeiterinnen und Mitarbeiter aus allen Abteilungen und Aufgabengebieten zusammenbringen. Gemeinsam arbeiten Sie dort an wichtigen Themen, wie zum Beispiel der Besprechungskultur. Die Teilnahme ist natürlich freiwillig – aber sicher sehr spannend.

Einige Mitarbeiter bilden wir zu Veränderungsbegleitern aus. Sie helfen uns, neue Ideen für eine bessere Kommunikation und Zusammenarbeit in das Unternehmen zu tragen, und sie unterstützen uns bei der Umsetzung.

Haben Sie Interesse?

Haben Sie Fragen? Möchten Sie T. A. L. K. unterstützen? Das freut uns! Sie können bei T. A. L. K. mitmachen: in einzelnen Veranstaltungen oder über einen längeren Zeitraum hinweg als Veränderungsbegleiter. Bitte sprechen Sie Ihren Abteilungsleiter an. Er wird Sie informieren und unterstützen.

Danke für Ihr Engagement.

Freundliche Grüße

Marc Mundschau Klaus Zimmer Gordon Klein Ingolf Quint

Dank der Motivation unserer Mitarbeiter, manchmal auch mit ein wenig gutem Zureden und dem immer nötigen Quäntchen Glück, fand sich eine ausreichende Zahl von Interessenten. Zunächst haben wir acht Personen ausgewählt, die Aufgabe als Veränderungsbegleiter zu übernehmen. Und das neben ihrer Arbeit.

6.2.1 Ein Planspiel zur Vorbereitung

- Planspiele bereiten auf das Handeln in der Realität vor
- Theoretischer Input plus (spielerische) Erfahrung in der Umsetzung
- Intensive gemeinsame Diskussionen

Um die Veränderungsbegleiter auf ihre wichtige Rolle vorzubereiten, haben wir im September 2017 ein Change-Management-Planspiel durchgeführt. Die Führungskräfte wurden einbezogen, um auch sie auf ihre neue Rolle und auf das Zusammenspiel mit den Veränderungsbegleitern vorzubereiten.

Grundsätzlich sind Planspiele[2] eine Simulation der Realität – mit Vorteilen. Ein gutes Planspiel bildet die wesentlichen Elemente einer Rolle ab sowie die Vernetzung der unterschiedlichen Rollen – und konzentriert sich damit auf die entscheidenden Facetten. Die Akteure simulieren ihr Handeln in den entsprechend konstruierten Situationen und werden mit den Entscheidungen der Mitspieler und des Systems konfrontiert. Ein gutes Planspiel ist dementsprechend dynamisch angelegt, die Prozesse und ihre Wechselwirkungen werden abgebildet. Ein Planspiel führt zu schnelleren Entwicklungen als in der Realität, Menschen spüren so

[2] Z. B. Kriz, W. C.: „Planspielmethoden". In: Reinmann-Rothmeier, G.; Mandl, H. (Hrsg.): *Der Mensch im Wissensmanagement*. Göttingen 2004, S. 359 – 368/Kriz, W. C.; Gust, M.: „Mit Planspielmethoden Systemkompetenz entwickeln". In: *Zeitschrift für Wirtschaftspsychologie* 10 (1) 2003, S. 12 – 17

wesentlich eher die Ergebnisse ihres Handelns und können daraus besser lernen. Die Regeln eines Planspiels sind an den realen Regeln von Systemen orientiert - soweit sich diese erfassen und abbilden lassen. Planspiele sind und bleiben eingeschränkte Modelle von Ausschnitten der Wirklichkeit, gute sind recht nahe an der Realität, aber sie bleiben natürlich eine Simulation - künstlich, dafür jedoch - zum Glück?! - auch ohne gravierende Konsequenzen der getroffenen Entscheidungen. Gleichwohl bildet ein gutes Planspiel nicht nur die Teilnehmer in ihren typischen Rollen ab, ebenso sind komplexe Aufgaben zu bewältigen, Ressourcen wie Zeit oder Budget fließen zusätzlich als wichtige Größen ein - durch diese Realitätsnähe werden Lernen und Reflexion gefördert.

„Unser“[3] Planspiel konzentriert sich auf das Management von Veränderungsprozessen in Organisationen. In sieben Phasen wird der Veränderungsprozess in einer Organisation abgebildet. Die Spieler sind die Veränderungsbegleiter. Veränderung wird in dem Spiel als die Bewältigung aktueller Herausforderungen in einem Feld betrieblicher und gesellschaftlicher Komplexität verstanden. Ein besonderes Thema ist die Balance zwischen der Notwendigkeit geordneter Strukturen und Abläufe auf der einen sowie der Anpassung und Instabilität als wichtige Voraussetzung für Veränderung auf der anderen Seite. Innovation wird nur durch den Abbau von Regeln und Strukturen möglich, darauf sind die wenigsten Organisationen vorbereitet. Organisations- und Personalentwicklung haben die Aufgabe, diesen volatilen Prozess zu managen - soweit das möglich ist. Schwer zu antizipierender und wegen seiner Komplexität schlecht zu steuernder Wandel soll also geplant, gelenkt und systematisch gestaltet werden. Eine echte Herausforderung.

Dementsprechend hatten unsere Teilnehmer die Aufgabe, eine simulierte Organisation zu verändern.

Unser „Unternehmen“, die Soll und Haben GmbH, produziert Tischfußballspiele. Die Geschäftsführung plant die Expansion nach China und Indien. Szenario und Rollen entsprechen einer privatwirtschaftlichen Organisation. Die Teilnehmer bilden ein Team mit der Aufgabe, einen Organisationsentwicklungsprozess verantwortlich als externe Berater (Change Agents) mitzugestalten. Neben den realen Akteuren gibt es in dem Spiel simulierte Personen - Geschäftsführung, verschiedene Mitarbeitergruppen aus Verwaltung und Produktion, Kunden und Lieferanten. Das Team trifft Entscheidungen, um Aktionen aus einer Liste von Aktivitäten auszuführen. Dazu gibt es Feedback von den Spielleitern. Ziel ist, möglichst viele Personen des simulierten Unternehmens für den Veränderungsprozess zu gewinnen. Über die Dauer des Spiels hinweg setzen sich die Akteure mit bis zu 45 verschiedenen Situationen auseinander. Je Runde entscheiden sich die Spieler für eine Aktion und erhalten dann unmittelbar Feedback über die Folgen - dabei sind

---

3) Kriz, W. C., Hansen, H., Schmidt, H.: *SysTeamsChange*®, Version 2.20. Riva Training & Consulting, Aschheim bei München (2014)

Reflexions-, Lern- und Transfermodule vorgesehen. Das bezieht sich sowohl auf die inhaltliche Ebene als auch auf die Zusammenarbeit in den Teams. In diesen Modulen werden konkrete Instrumente, Konzepte und Methoden für die Organisationsentwicklung diskutiert und eingeübt. Im Debriefing werden die psychischen (Wissen, Emotion) und sozialen (Handlung, Kommunikation) Prozesse besprochen und Konsequenzen für reale Situationen abgeleitet. Die Kompetenz, als Team zu handeln, beruht auf der Fähigkeit, gemeinsam zu reflektieren, zu lernen und zu handeln.

Das Planspiel hat damit die folgenden zentralen Inhalte:

- Reflexion der eigenen Rolle und Verhaltensmuster,
- Überprüfen und Verbessern der Gestaltung von Veränderungsprozessen,
- Motivation der Beteiligten – Wahrnehmen von und Umgehen mit Widerstand,
- Maßnahmen planen und durchführen bei begrenzter Zeit und limitiertem Budget,
- Grundlagen Organisationsentwicklung und Change Management,
- Tools und Methoden.

Das Feedback der Teilnehmer zum Planspiel war durchweg positiv – alle fühlten sich deutlich besser auf die anstehenden Veränderungen vorbereitet. Als ein Ergebnis aus dem Planspiel haben wir eine Liste zusammengestellt, in der die notwendige Unterstützung für die Veränderungsbegleiter festgestellt wurde:

Welche Unterstützung brauchen wir?	Gemeinsam erarbeitete Antworten
Begleiter als Ansprechpartner einführen.	Mitarbeiter entscheiden selbst über „Lab-Besuch“.
Bedarf weiterer Mitarbeiter: Auf wen darf ich zugehen (Hierarchie)?	
Haben wir ein offizielles Mandat?	Veränderungsbegleiter legen die PWNAG(„Pfalzwerke Netz AG“)-interne Kommunikation fest.
Interne Vorstellung der Begleiter.	
Reaktion auf T. A. L. K.	Mit kleinen Dingen viel „Impact“ erreichen. Sog generieren.
Wer ist Kunde von T. A. L. K.?	Belegschaft ist Kunde.
Feedback durch Führungskräfte.	Regelmäßige Reflexionstermine Veränderungsbegleiter, Vorstand und Bereichsleiter.
Priorisierung mit dem Vorgesetzten. Zehn Stunden pro Monat?	Veränderungsbegleiter kommunizieren proaktiv den Zeitbedarf an ihren Vorgesetzten. Priorisierung erfolgt gemeinsam.
Rückendeckung für längere Bearbeitungszeiten (tägliche Aufgaben).	
Pate für T. A. L. K.	Für jedes Themenfeld gibt es einen Paten aus dem Bereichsleiterkreis. Veränderungsbegleiter informieren Paten proaktiv.
Woher kommen die Themen? Wer gibt Themen frei? *Was dürfen wir entscheiden? Ausstattung/Infrastruktur Support durch Externe.*	Veränderungsbegleiter schlagen Themen und Priorität den Bereichsleitern und Vorstand vor.
	Bereichsleiter und Vorstand prüfen eventuelle Konflikte mit bereits laufenden Themen. Die Entscheidung treffen jedoch die Veränderungsbegleiter.

6.2.2 Kollaborations-Labs zur Unterstützung

- Umsetzung geht leichter mit Unterstützung
- Die Labs fördern Abstimmung und Reflexion
- Labs schaffen gemeinsame Standards

Nach dem Planspiel ging es in die Praxis – mit Workshops für die Veränderungsbegleiter. Diese Workshops heißen bei uns Kollaborations-Lab. Sie sollen die Veränderungsbegleiter bei der Umsetzung in die Praxis unterstützen. Ein Lab ist eine moderierte und unterstützte Zusammenkunft aller Veränderungsbegleiter. Wir wollen damit

- im geschützten Raum neue Ideen und Vorgehensweisen entwickeln,
- ausprobieren, aus den Ergebnissen lernen, optimieren,
- stabile neue Lösungen implementieren und
- die kontinuierliche Verbesserung vorantreiben.

Grundsätzlich lässt sich das Lab als prozessbegleitendes Coaching für die Veränderungsbegleiter verstehen, ebenso natürlich als zusätzliche Motivation, die besonders in den ersten und erfahrungsgemäß schwierigsten Phasen eines solchen Prozesses erforderlich ist. Das Lab ist eine Veranstaltung mit Workshop-Charakter, in der innovative Lösungen entwickelt, erprobt und optimiert werden können, bevor sie im Unternehmen ausgerollt werden. Für die Arbeit im Lab wurden Regeln aufgestellt:

- Arbeit auf „Augenhöhe" – also ohne Hierarchie.
- Entscheidungen werden von allen Anwesenden auf demokratische Weise getroffen.
- Vereinbarungen werden eingehalten.
- Innerhalb der Gruppe vertrauen wir einander.
- Transparenz und Offenheit werden gelebt.
- Fehler sind willkommen und dienen als Quelle für Erkenntnis.

Für jede Maßnahme gibt es Paten aus dem Kreis der Veränderungsbegleiter, die für die Evaluation und Weiterentwicklung verantwortlich sind. Der Pate erprobt die Veränderungen und Maßnahmen in seinem Fachbereich oder Team und trägt die Erfahrungen als Lessons Learned zur Weiterentwicklung in das Lab zurück. Jedes Lab-Treffen beinhaltet Elemente zu den vier I = Intro (Feedback/Aktuelles/Störungen), Input (Impulsvortrag), Interaktion (Reflexion) und Inhalt (Entwicklung der aktuellen Produkte). In diesen Labs können die Veränderungsbegleiter aus den Ergebnissen lernen und ihr weiteres Handeln optimieren, sie können neue Ideen und Vorgehensweisen entwickeln und bereits umgesetzte Lösungen stabilisieren.

Im Intro werden beispielsweise beobachtete Probleme und mögliche Lösungen in Workshops besprochen, im Input gibt es Informationen zur Rolle als Moderator, in der Interaktion wird die Rolle als Veränderungsbegleiter besprochen und im Inhalt wird zum Status quo der aktuellen Arbeit berichtet.

Das Prinzip unserer Kollaborations-Labs: Eine heterogene Gruppe von hoch motivierten Kollegen wird in die Lage versetzt, eigenständig notwendige Veränderungen der Kultur zu identifizieren und hierfür kundenorientierte maßgeschneiderte Lösungen zu entwickeln. Dabei stehen das Erleben einer neuen Kultur und neuer Denkansätze sowie das Erlernen und Anwenden neuer Methoden im Vordergrund. So wird der Wandel hin zu agilerem Arbeiten in einer digitalen Arbeitswelt kulturell unterstützt. Diese neuen Skills und das neue Mindset werden durch die sukzessive Einbindung weiterer Kollegen in das Unternehmen getragen.

Für die Kollaborations-Labs haben wir konkrete Ausbildungsinhalte geplant:

- Kommunikation,
- Sensibilisierung für eine empathische Kommunikation und Beziehungsmanagement,
- Feedback aktiv einfordern und geben,
- Vorteile einer offenen Fehlerkultur erarbeiten und leben,
- Grundlagen der Moderation von Terminen und Workshops,
- Innovation,
- Lösungen kundenzentriert entwickeln,
- Entwickeln eines Methodenbaukastens mit Bausteinen des agilen Arbeitens wie User Experience (UX), Design Thinking, Scrum oder Kanban,
- Selbstorganisation,
- Wege der Entscheidungsfindung in einer interdisziplinären Gruppe ohne Hierarchien,
- Themen selbst identifizieren, definieren und Lösungen erarbeiten,
- Self-Empowerment,
- Eigenverantwortung leben,
- Change Management,
- Wissen um den Ablauf von Veränderungen im Unternehmen und geeignete Interventionen,
- Coachingmethoden kennen und einsetzen,
- Befähigung anderer Personen = Wirkung als Multiplikator.

Die erste selbst gestellte Aufgabe des Labs war die Entwicklung von Maßnahmen zur Verbesserung der Kommunikationskultur mit dem Schwerpunkt auf Besprechungen. Auf den ersten Blick ein banales Thema – allerdings perfekt geeignet, um die Veränderungsbegleiter mit ihrer neuen Rolle vertraut zu machen, Handlungswissen zu erwerben und anzuwenden. Das Unternehmen konnte sich so bei einem überschaubaren Thema mit den neuen Prinzipien der Mitarbeiteraktivierung, den selbst generierten und gesteuerten Themen und der Veränderung allgemein „anfreunden". Das Ergebnis der ersten Lab-Reihe (Bild 6.3) war zudem ein guter Ansatz, Besprechungen zu optimieren - kommunikativ und durch die ersparte Zeit auch wirtschaftlich erfolgreich.

Bild 6.3 Besprechungsknigge - das erste Ergebnis der Veränderungsbegleiter

6.2.3 T. A. L. K. – die nächste Welle

Danach begann eine Zeit des Wechsels – einige Veränderungsbegleiter wollten sich wieder 100-prozentig auf ihre Aufgabe konzentrieren, andere gingen „auf Roadshow“ durch die verschiedenen Dienststellen. Ziele waren die Vorstellung der bisherigen Arbeit, Werben um weitere Unterstützung (und neue Veränderungsbegleiter) sowie der Austausch mit den Mitarbeitern vor Ort. Diese Termine waren intensiv – es gab viel Interesse, aber natürlich auch Skepsis. Manche Mitarbeiter und Führungskräfte hatten sich mehr und schnellere Erfolge oder andere Vorgehensweisen erwartet. Die Veränderungsbegleiter konnten so die agile Methode mit allen Vor- und Nachteilen diskutieren. Einbindung kostet Zeit, Diskussionen als Basis für gemeinsame Beschlüsse ebenso, also geht manches langsamer voran. Agiles Handeln braucht Unterstützung „von oben“, beispielsweise zeitliche Freiräume für Mitarbeiter, diese müssen aber auch selber aktiv werden. „Agil“ braucht auch darum Zeit, weil es nicht die gewohnte Anordnung und Leitung durch die Führungskräfte gibt. Letztendlich geht es um einen echten Paradigmenwechsel im Handeln – den alle im Unternehmen verstehen, annehmen und umsetzen müssen.

Aktuell (Mai 2019) sind alle Termine der Roadshow abgearbeitet – mit einem positiven Fazit, aber natürlich auch mit dem Wissen darum, dass noch ein erhebliches Stück Arbeit – und eine nicht zu unterschätzende Zeitdauer – vor den Veränderungsbegleitern liegt. Neue Veränderungsbegleiter konnten gewonnen werden. Im April gab es mit dem Einführungsworkshop für die neue Gruppe den Startschuss zur nächsten Runde.

Dieser Kick-off-Termin fand mit zehn neuen Kollegen und mit vier erfahrenen Veränderungsbegleitern statt. Zunächst wurden mit einer verkürzten Version des Planspiels die Themen „Veränderung“ und die Rolle „Veränderungsbegleiter“ vermittelt. Die erfahrenen Veränderungsbegleiter nahmen dabei bereits unterstützende und coachende Aufgaben wahr.

Die weitere thematische Arbeit hat das neue Team mit der „Wunderfrage“ bestimmt: „Stell dir vor, über Nacht geschieht ein Wunder und du findest am darauffolgenden Tag im Büro/am Arbeitsplatz die perfekte Arbeitswelt vor. Wie sieht diese aus?“ Genannt wurde 42 Wünsche, manche davon natürlich mehrfach. Inhaltlich reichte das Spektrum von „funktionierenden IT-Systemen“ oder „automatisierten Prozessen“ über „Führungskräfte, die zuhören“ oder dem „gelebten Wertewürfel“ (vgl. dazu Kapitel 4) bis zu „funktionierenden Teams“ oder „Lösungen statt Bedenken“. Die Antworten auf die Frage wurden kategorisiert und bewertet. Der „Sieger“ mit der höchsten Priorität war das „bereichsübergreifende Denken und Handeln“. Mit diesem Thema sind die Veränderungsbegleiter nun in die zweite Runde gestartet.

In einem ersten Lab haben die Veränderungsbegleiter ihre Arbeit analog zu dem Vorgehen nach der Scrum-Methode organisiert:

Scrum Master

... sorgt dafür, dass die Labs stattfinden und die Gruppe arbeiten kann

Tätigkeiten:

... sorgt dafür, dass alle Termine im Kalender der betroffenen Personen stehen

... kümmert sich um einen angemessenen Arbeitsraum

... organisiert notwendige Materialien

... koordiniert weitere außerordentliche Termine

...

Product Owner

... sorgt dafür, dass das neue „Produkt" eine Vision hat und dementsprechend entwickelt wird

Tätigkeiten:

... sorgt dafür, dass das neue Produkt eine Vision hat und auf dem aktuellen Stand bleibt

... kümmert sich darum, dass die beteiligten Veränderungsbegleiter die Vision verstehen und nach ihr arbeiten können

... sorgt für regelmäßigen Kontakt mit Kunden sowie für das Einholen von Feedback

... sorgt dafür, dass der Pate sich gut informiert fühlt und in die Produktentwicklung eingebunden ist

...

Kommunikator

... sorgt dafür, dass die T. A. L. K.-Story und aktuelle Aktivitäten im Unternehmen bekannt sind

Tätigkeiten:

... stellt sicher, dass Kommunikationsinhalte, -medien und -kanäle stimmig sind

... sorgt für regelmäßigen Kontakt mit T. A. L. K.-Kunden sowie für das Einholen von Feedback

... stellt sicher, dass Product Owner sowie alle T. A. L. K.-Kollegen das Kundenfeedback kennen

... organisiert die Präsenz oder Teilnahme von T. A. L. K. bei unternehmensinternen oder -externen Veranstaltungen

...

Agile Coach

... unterstützt die Veränderungsbegleiter in ihrer Entwicklung zu einem selbst organisierten und anpassungsfähigen Team

Tätigkeiten:

... agiert als PWNAG-Partner („Pfalzwerke Netz AG") zum externen Coach

... stellt sicher, dass die langfristige Gestaltung der Labs sachdienlich und im Einklang mit dem T. A. L. K.-Auftrag sind

... ist Sparringspartner für Reflexion

... ist an der kurz- und langfristigen Planung von Lab-Inhalten beteiligt und vertritt die PWN-Perspektive

... kümmert sich um eine aktive und vertrauensvolle Kommunikation zwischen T. A. L. K. und den Bereichsleitern/dem Vorstand in Zusammenarbeit mit dem oder der Kommunikatorin

... agiert als Sprachrohr in der kulturellen Unternehmensentwicklung sowie als Verbindungspartner mit der PWAG („Pfalzwerke AG")

...

Wir sind zuversichtlich, dass wir hier auf einem guten Weg sind. Unser mittelfristiges Ziel bleibt es, möglichst viele Mitarbeiter als Veränderungsbegleiter „auszubilden" und auf dem Weg sowohl den Gedanken der Veränderung als auch die Methoden in das Unternehmen zu tragen, vielleicht langsam, dafür aber umso nachhaltiger.

Wir haben eingangs beschrieben, dass wir uns um die Kultur des Unternehmens und um die Geschäftsfelder kümmern wollen. Ein zentraler Treiber in diesem Kontext sind die Werte eines Unternehmens und die darauf aufbauende Vision von der Gestaltung der Zukunft.

6.3 Die Vision der Pfalzwerke Netz AG

- Die Pfalzwerke Gruppe hat Werte
- Die Vision wird aus den Werten abgeleitet
- Sie definiert, wie wir unser Geschäft erfolgreicher machen wollen

Unternehmenswerte sind Leitplanken für das Handeln aller Mitarbeiter in der Pfalzwerke Gruppe – miteinander und an den Schnittstellen mit unseren Partnern und Kunden. Werte legen fest, wie wir unsere Ziele erreichen wollen. Wir verstehen unsere Werte als Mehrwert für alle Beschäftigten der Unternehmensgruppe, Kunden und Geschäftspartner. In Kapitel 4.1 beschreiben wir detailliert, wie wir die Werte für die Gruppe entwickelt haben. Unsere Werte, ihre kontinuierliche und kritische Reflexion und Weiterentwicklung, sind ein entscheidender Beitrag für unsere Entwicklung hin zu mehr Agilität. Auf der Basis dieser Werte haben wir mit den Führungskräften als wichtige Ergänzung eine grundsätzliche Version der Vision für die Pfalzwerke Netz AG erarbeitet.

Im November 2017 haben wir einen ersten Workshop durchgeführt. Ziele waren zunächst, ein einheitliches Verständnis über die Begriffe wie Vision, Mission oder Strategie zu schaffen und dann einen ersten Entwurf einer Vision der Pfalzwerke Netz AG zu entwickeln. Auf der Basis der Werte der Pfalzwerke Gruppe verstehen wir unsere Vision als die verbindliche Antwort auf Fragen nach unserer Rolle am Markt, unseren Zielen und der Begründung für unser Handeln: Warum gibt es uns? Wo wollen wir hin? Weshalb tun wir, was wir tun?

In der Entwicklung haben wir uns an den „Eigenschaften einer guten“ Vision orientiert:

- Zukunftsbezogen – erzeugt ein positives Bild für die Zukunft.
- Richtunggebend – fokussiert ein großes Ziel (ohne Details).
- Zeitlos – ist zeitlich nicht fixiert, ohne Enddatum.
- Nützlich – stiftet Mehrwert, für das Unternehmen und für andere.
- Emotional – begeistert Kunden, Mitarbeiter und Partner.
- Unverwechselbar – differenziert uns von Wettbewerbern.
- Glaubwürdig – passt zum Unternehmen, unterstützt unsere Werte, Ziele und Angebote.

Unsere Vision sagt aus, wie wir Nutzen für unsere Kunden stiften und welche ihrer Probleme wir lösen wollen. Unser Ansatz liest sich schlicht, ist aber durchaus anspruchsvoll:

> Unsere Vision: Wir sind Ihr zuverlässiger Partner für zukunftssichere Versorgungsinfrastrukturen, kundenorientierte Dienstleistungen und innovative Technologien.
>
> Unser Anspruch: Wir übernehmen gesellschaftliche Verantwortung und fördern die Lebensqualität in unserer Region.
>
> Unsere Werte: • fairer Umgang • Innovation • Kundenorientierung • Transparenz • Verantwortung

Gemeinsam mit den überarbeiteten Werten der Pfalzwerke Gruppe wurde unsere Vision in mehreren Workshops an unterschiedlichen Standorten des Unternehmens den Mitarbeitern vorgestellt. Wir haben sie um die Diskussion der Ergebnisse und ihre Kommentare dazu gebeten. Die Mitarbeiter haben die fünf Kernthemen der Vision diskutiert und relevante Aussagen notiert, die sie damit verbinden. Ein Grafikrekorder hat die Diskussion direkt in entsprechende Bilder umgesetzt. Daraus ist unser Bild der Vision entstanden (Bild 6.4).

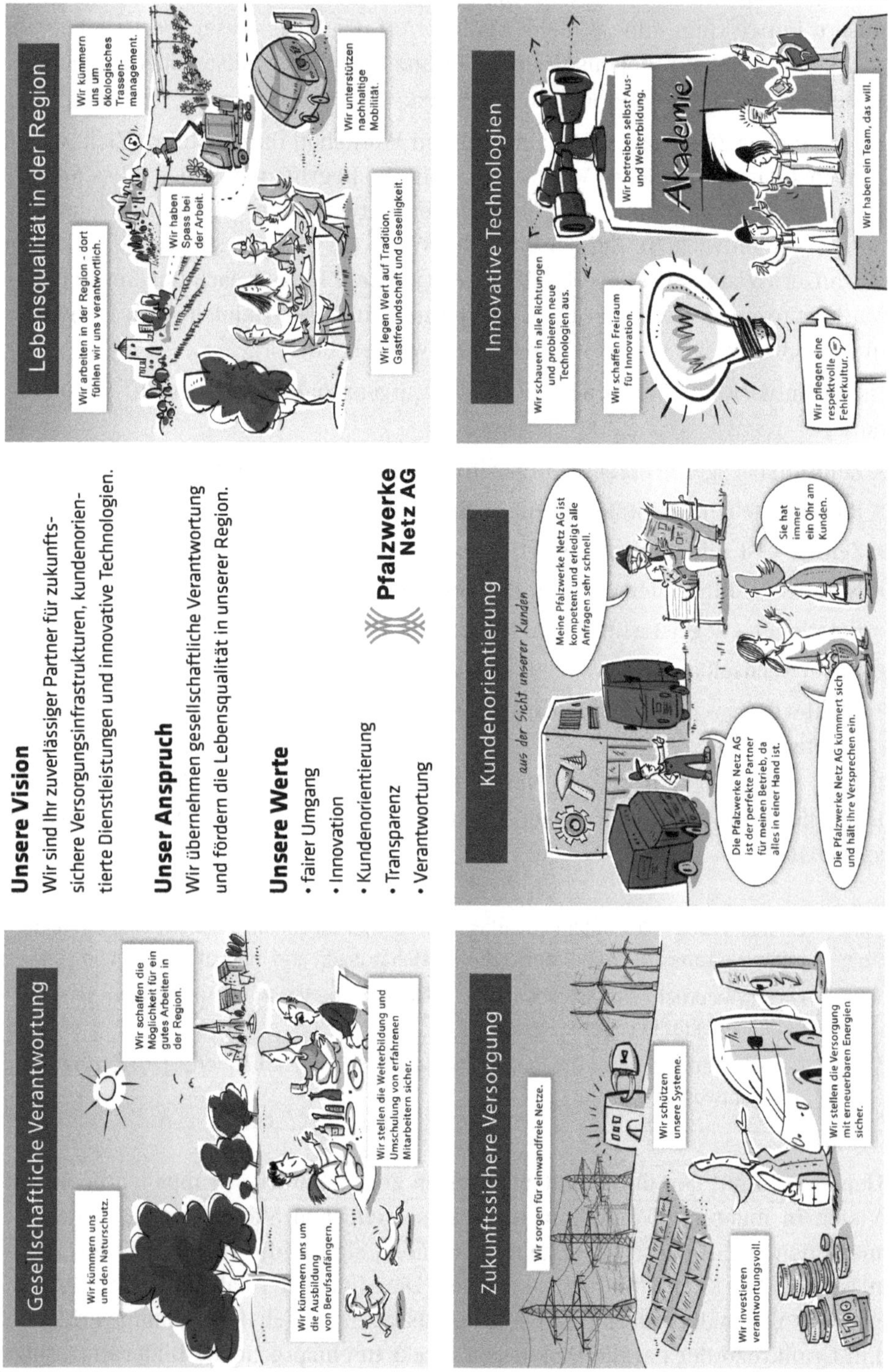

Bild 6.4 Aktuelle Vision der Pfalzwerke Netz AG

6.4 Neue Geschäftsmodelle für die Pfalzwerke Netz AG

- Erfolg braucht eine wirtschaftliche Grundlage
- Zukunft bedeutet verbesserte und neue Geschäftsmodelle
- Gemeinsam mit unseren Partnern starten wir bereits in die Umsetzung

„It's the economy, stupid!"[4] Dieser Slogan soll Bill Clinton 1992 entscheidend geholfen haben, die Präsidentschaftswahlen gegen George Bush sen. zu gewinnen. Der Satz beschreibt die Bedeutung wirtschaftlicher Sicherheit für das Wohlbefinden. Auch für unser Projekt gilt, dass gute Kommunikation und gelebte Werte alleine keinen zukünftigen Erfolg am Markt schaffen. Darum haben wir uns ausgehend von den Arbeiten an der Vision darangemacht, unsere Geschäftsmodelle zu beschreiben und diesem Status quo eine Strategy Map als Soll-Bild gegenüberzustellen.

Zur Überprüfung des bestehenden Geschäftsmodells und zur Entwicklung neuer Geschäftsmodelle haben wir die Methode des Business Model Canvas gewählt. Der Business Model Canvas wurde entwickelt, um Geschäftsmodelle gezielt zu entwickeln oder zu verändern. Konzipiert wurde die Methode 2004 von Alexander Osterwalder[5] an der Universität Lausanne. Auf einem Blatt werden die neun zentralen Faktoren für den Erfolg eines Geschäftsmodells skizziert: Kundensegmente, Werteversprechen, Kanäle, Kundenbeziehungen, Einnahmequellen, Schlüsselressourcen, Schlüsselaktivitäten, Schlüsselpartner und Kostenstruktur (Bild 6.5). Auf einen Blick lässt sich so erkennen, ob alle Aspekte bedacht wurden oder welche Stärken und Schwächen es gibt.

Eine wertvolle Hilfe für uns war auch der St. Galler Business Model Navigator[6]. Am Institut für Technologiemanagement der Hochschule St. Gallen unter der Leitung von Prof. Dr. Oliver Gassmann wurden die wichtigsten Innovationen der letzten 50 Jahre untersucht. Heraus kam, dass 90 Prozent aller innovativen Geschäftsmodelle Kombinationen bereits existierender Ideen und Konzepte waren, zum Teil übertragen auf andere Industrien oder Handlungsfelder. Zusätzlich zeigte sich, dass eine Geschäftsmodellinnovation grundsätzlich erfolgreicher ist als die bloße Innovation auf Produkt- oder Prozessebene. Die wesentlichen Elemente eines

---

[4] Z. B. *https://diepresse.com/home/wirtschaft/hobbyoekonom/1308933/Its-the-economy-stupid_Ein-Spruch-macht-Geschichte*

[5] Osterwalder, A.; Pigneur, Y.: *Business Model Generation. A Handbook for Visionaries, Game Changers, and Challengers*. New Jersey 2010

[6] Gassmann, O.; Frankenberger, K.; Czik, M.: *Geschäftsmodelle entwickeln. 55 innovative Konzepte mit dem St. Galler Business Model Navigator*. München 2013

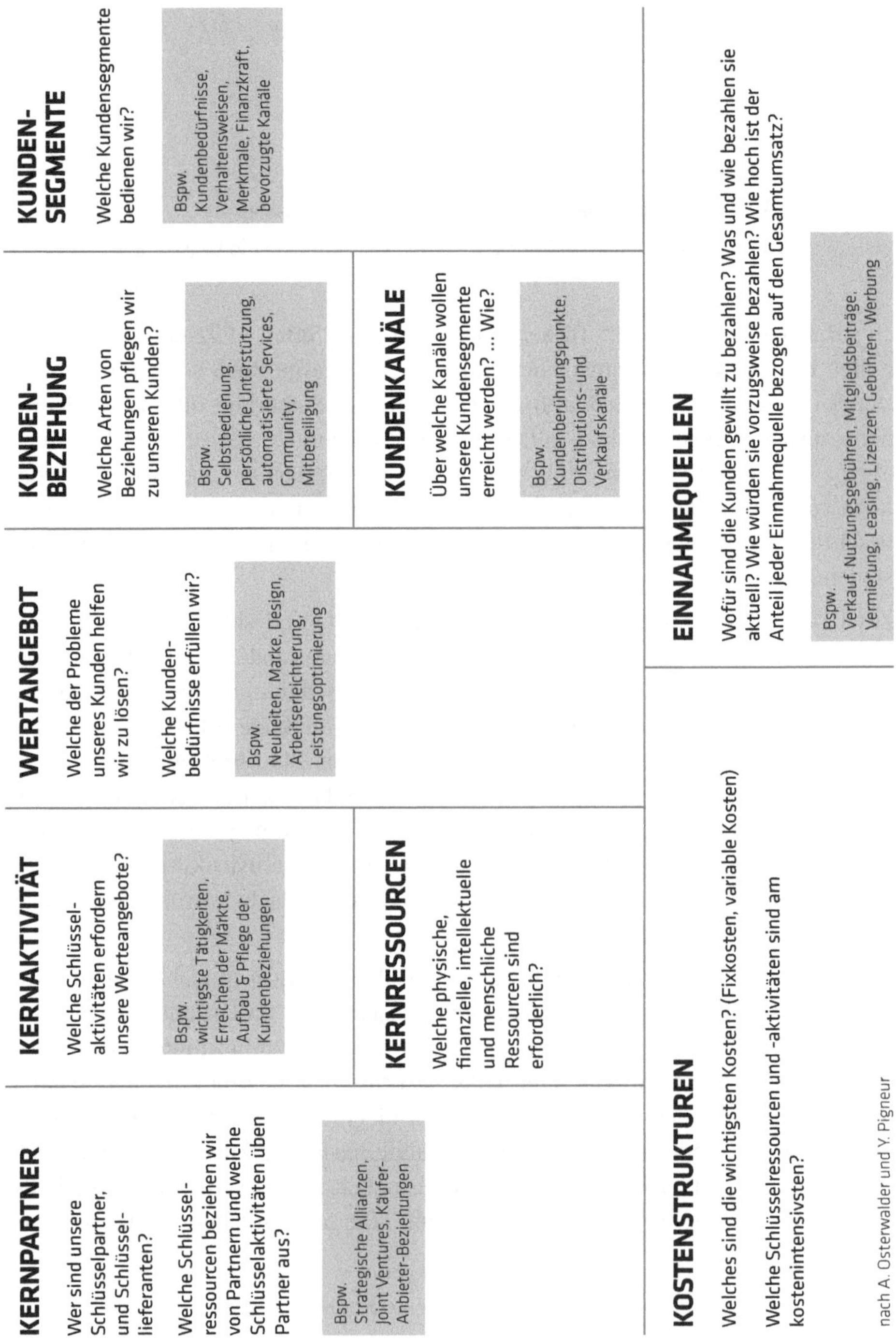

Bild 6.5 Business Model Canvas als Muster

Geschäftsmodells sind Kunde (Wen wollen wir erreichen?), Angebot (Was wollen wir verkaufen?), Wertschöpfung (Wie wollen wir produzieren?) und Wertprozess (Warum können wir damit Geld verdienen?). Die Schlüsselfragen lauten also Wer? Was? Wie? Warum? Jedes gute Geschäftsmodell muss darauf eine Antwort geben. Um eine echte Innovation handelt es sich dann, wenn es zumindest auf zwei dieser Fragen eine neue Antwort gibt. Erfolgreiche Geschäftsmodelle schaffen Wert für den Kunden und für das Unternehmen. Viele Beispiele für erfolgreiche innovative Geschäftsmodelle sind auf einer Idee, nicht auf einem Produkt gegründet: Pixar gewinnt Oscars am laufenden Band, ohne Schauspieler für die Filme zu benötigen, Apple verkauft Musik, ohne CDs zu produzieren und Künstler unter Vertrag zu haben.

Mit diesem Rüstzeug haben wir uns auf den Weg gemacht, neue Geschäftsmodelle für die Pfalzwerke Netz AG zu entwickeln. Aktuell arbeiten wir an vier Geschäftsmodellen, die sich in unterschiedlichen Stadien der Entwicklung befinden. Ein Teil der Ideen ist vertraulich, schließlich bewegen wir uns in einem Markt mit Wettbewerb. Als Beispiel können wir die Erweiterung unseres „klassischen" Geschäfts um die gezielte Zusammenarbeit mit strategischen Partnern beschreiben.

Unser Ziel sind eine langfristige Sicherung der Kapazitäten und eine Stabilisierung der Kosten im Bereich Tiefbau. Mit Blick auf den Markt erwarten wir einen steigenden Bedarf an Leistungen - Verkabelungen, Gasleitungen oder Breitbandausbau. Gesteigerter Bedarf führt vermutlich auch hier zu Engpässen mit Wirkung auf die Preise. Für das Geschäft der Pfalzwerke Netz AG sind hingegen Planungssicherheit und Preisstabilität wichtig.

Entsprechend dem Business Model Canvas haben wir für diese Idee unsere Hypothesen formuliert:

- Schlüsselpartner: passende strategische Partner am Markt.
- Schlüsselaktivitäten: keine regulatorischen Nachteile.
- Schlüsselressourcen: geeignetes Personal verfügbar.
- Kundensegmente: Bedarf am Markt stabil/steigend, interne Kunden haben langfristig Bedarf.
- Kostenstruktur: interne Kosten verbessert.
- Kundenbeziehungen: Sicherung der Kapazität wirkt positiv.
- Erlösquellen: verbesserte Liquidität.
- Werteversprechen: erweitert um Standardtiefbau.
- Kundenkanäle: unverändert.

Wir haben folgende Optionen formuliert: Die Pfalzwerke Netz AG schreibt langfristige Rahmenverträge mit Preisgleitklausel aus (Priorität 1). Wir bauen eigene Kapazitäten auf. Wir beteiligen uns an Unternehmen der Branche oder kaufen Unternehmen. In Gesprächen konnten wir klären, dass es Partner mit einer Bereitschaft zu einer langfristigen Zusammenarbeit gibt – von der festgeschriebenen Vereinbarung über Kontingente bis zu einer möglichen Beteiligung am Unternehmen. Ebenso bearbeiten wir mit den potenziellen Partnern Verbesserungen im Einheitspreisverzeichnis, die uns quantitative und qualitative Verbesserungen ermöglichen. Wir arbeiten weiter intensiv an diesem Geschäftsmodell.

Als Beispiel für diese Arbeit sehen Sie in Bild 6.6 den Business Model Canvas zu dieser Fragestellung – nur ein Einblick in die Komplexität der Arbeit am Geschäftsmodell.

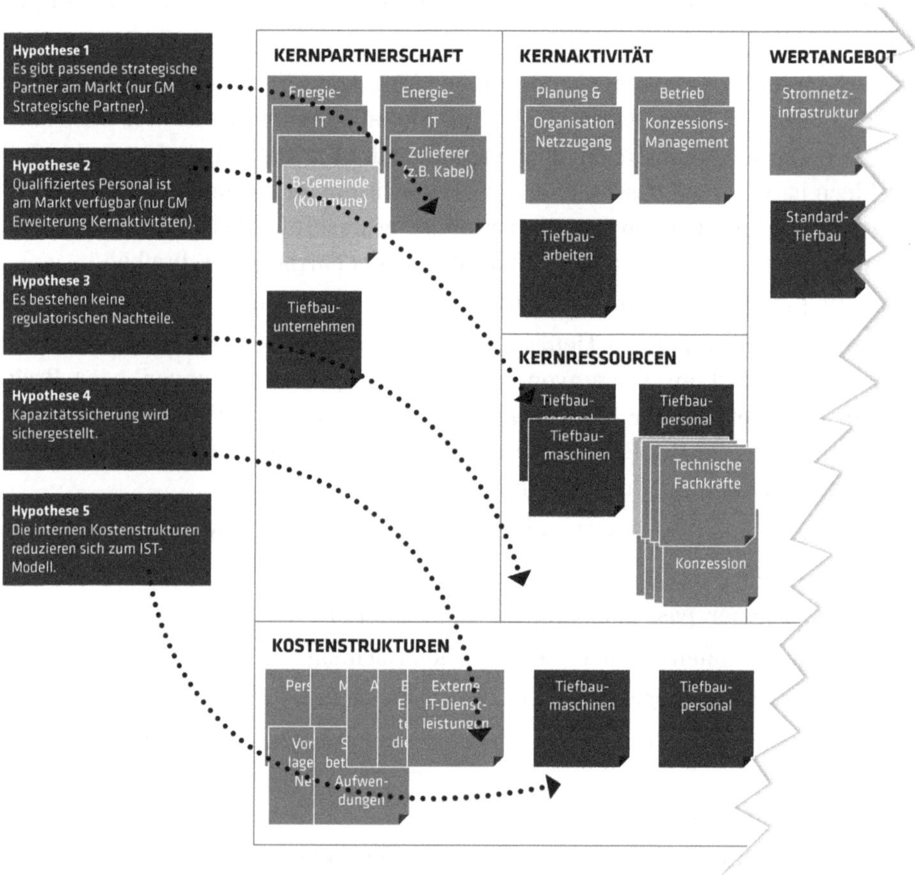

Bild 6.6 Business Model Canvas nach unserer Bearbeitung (Auszüge)

Auch diesen Schritt haben wir mit agilen Methoden[7] und intensiver Beteiligung der Mitarbeiter schneller und besser durchführen können. Gerade das Potenzial

[7] Angelehnt an die Scrum-Methodik (vgl. z. B. Lewrick, M.; Link, P.; Leifer, L.: *Das Design Thinking Playbook*. München 2017)

der Mitarbeiter lässt sich so freier einbringen und führt dementsprechend zu deutlich besseren Ergebnissen. Positiv ist der bereichsübergreifende Austausch, der sich auf die weitere Arbeit auswirkt. Die Entwicklung der Unternehmenskultur und des Geschäfts gelingen, wenn sie Hand in Hand gehen. Aus den Erfahrungen haben wir einen Prozess abgeleitet und neue Stellen im Bereich strategisches und operatives Business Development entwickelt. Das meiste Wissen und die meisten Möglichkeiten haben die Mitarbeiter. Es ist Aufgabe des Managements und besonders des Topmanagements, dafür den nötigen Raum und den erforderlichen Rahmen zu bieten.

6.5 Ein neuer agiler Prozess zur Entwicklung unserer Strategie

- Veränderung braucht Verankerung
- Wir haben darum einen neuen Strategieprozess implementiert
- Besonderen Wert legen wir dabei auf Dynamik, Innovation und Kommunikation

All das soll natürlich keine einmalige Kraftanstrengung sein, die nach einiger Zeit wieder zurück zu alten Handlungsmustern führt. Wir wollen die Veränderungen dauerhaft verankern. Darum haben wir in der Pfalzwerke Netz AG einen veränderten Strategieprozess installiert.

Alle sechs Monate werden wir einen eintägigen Strategieworkshop durchführen. Teilnehmer sind neben dem Vorstand alle Bereichsleiter und sonstige relevante Personen. Das sind die Mitarbeiter, die wichtige Aufgaben in Bezug auf die Themen des Workshops erfüllen - das kann eine strategisch wichtige Funktion wie IT sein, aber auch die Leitung eines aktuell besonders relevanten Projekts. Bei Bedarf ziehen wir externe Experten oder andere Kooperationspartner zu. Die Veranstaltung wird von einem externen Moderator geleitet. In diesen Workshops werden wir den Status quo betrachten - erzielte Ergebnisse, die Qualität der Zusammenarbeit - und an der Synchronisierung und Priorisierung aller laufenden Projekte arbeiten. Die strategischen Projekte für die nächsten sechs Monate werden beschlossen. Wir werden die Mitarbeiter immer möglichst detailliert über die Ergebnisse informieren. Das sichert die für agiles Arbeiten erforderliche Transparenz und entspricht unserem neuen Verständnis von guter Kommunikation.

Um auch hier die Kontinuität von Denken und Handeln zu sichern, gibt es zwischen den zwei jährlichen Workshops alle zwei Monate ein einstündiges Status-

Update. Die Teilnehmer informieren sich kurz über erreichte Ziele, aktuelle Stände und weitere relevante Aktivitäten. Auch über diese Veranstaltung werden alle Mitarbeiter informiert.

Innerhalb der einzelnen Projekte gibt es eine vergleichbare Kaskade von Abstimmung und Information: Alle zwei bis drei Wochen gibt es einen Projektzyklustermin mit der Präsentation des Status quo und dem Rückblick auf die Zusammenarbeit sowie dem Ausblick auf die nächste Phase. Vorgeschaltet sind die Überprüfung der Projektzyklusliste und Vorschläge für eine Erweiterung oder für Änderungen der Priorisierung. Wöchentlich findet ein Projektstatus-Update von maximal 30 Minuten Dauer statt – eine bewusst kurz gehaltene Besprechung mit einer Information aller über den aktuellen Stand, Erreichtes und Hindernisse. Abwechselnd mit den Strategiestatus-Updates gibt es abhängig von der Komplexität und Dynamik der Projekte alle sechs bis acht Wochen ein übergreifendes Projektstatus-Update. In zwei Stunden werden alle Teilnehmer über den aktuellen Stand informiert, wir leiten Handlungsbedarf ab und treffen Beschlüsse, um etwaige Hindernisse zu überwinden.

Alle sechs Monate planen wir einen „Inno-Sprint" gemeinsam mit dem Innovationsteam aus der Initiative Digitale Transformation (IDT). Die Veranstaltung ist dem im Kapitel 5.2 beschriebenen Hackathon vergleichbar. Sie ist auf zwei bis drei Tage Dauer angelegt. Teilnehmer sind Vertreter des Business-Development-Teams und des Innovationsteams sowie motivierte Mitarbeiter, die sich mit guten Ideen „selbst nominiert" haben ebenso wie kooperierende Start-ups. Die anwesenden Teilnehmer entwickeln in Gruppenarbeit Ideen zu bestehenden oder neuen Geschäftsmodellen. Eine Jury entscheidet über die vorgestellten Ideen: Für gut befundene „neue" Ideen können zu einem neuen Geschäftsmodell werden, an dem dann ein neues Team arbeitet. Oder die Idee stellt eine Weiterentwicklung eines bestehenden Geschäftsmodells dar und wird dann im Rahmen des bestehenden Innovationsprozesses umgesetzt. Diese Events werden ausführlich dokumentiert und mit Bildern oder als Film allen Mitarbeitern zugänglich gemacht.

Alle Mitarbeiter werden in regelmäßigen Abständen über die Inhalte und den Status quo des Business Developments informiert. So verbessern wir das Vertrauen und investieren in die Entwicklung des unternehmerischen Denkens aller Mitarbeiter. Unsere Kommunikation ist so aufgebaut, dass Unterlagen in einzelnen Bestandteilen auch für interne Anknüpfungspunkte weiterverarbeitet werden können.

Wir haben uns in der Ausgestaltung der einzelnen Module und in dem Ablauf der Phasen stark an dem Gedankengut und den Methoden von Scrum orientiert.

7 Die Autoren

René Chassein

Seit 2011 ist er Vorstandsmitglied der Pfalzwerke AG in Ludwigshafen mit der Verantwortung für die Bereiche Energiedienstleistungen, Personal- und Juristische Dienste sowie Revision und Organisation, zudem für Technologie- und Innovationsentwicklung in der Pfalzwerke Gruppe. Er ist Aufsichtsratsvorsitzender der Tochtergesellschaften Pfalzwerke Netz AG sowie Pfalzgas GmbH.

René Chassein ist Diplom-Ingenieur für Elektrotechnik, Diplom-Wirtschaftsingenieur und Umweltbetriebsprüfer. Nach dem Abitur 1984 absolvierte er eine zwölfjährige Offizierslaufbahn bei der Bundeswehr. Seit 1996 ist René Chassein bei den Pfalzwerken beschäftigt. Vor seiner Berufung zum Vorstand verantwortete er das Konzessionsvertragsmanagement, nachdem er zuvor in leitender Position in den Unternehmensbereichen Netzbau und kommunale Betreuung sowie Netzwirtschaft und Netzvertrieb tätig war.

Ehrenamtlich ist er jeweils als Vorstandsmitglied in der Zukunftsinitiative Rheinland-Pfalz (ZIRP), im VDE Kurpfalz, in der Zukunftsregion Westpfalz sowie der Cluster-Initiative StoREgio der Metropolregion Rhein-Neckar engagiert.

Kontakt:

Pfalzwerke AG
Kurfürstenstraße 29
67061 Ludwigshafen
Tel.: +49 (0) 621 585 2200
Rene.chassein@pfalzwerke.de

Werner Hitschler

Er wurde 2004 als Vorstandsmitglied der Pfalzwerke AG bestellt. Werner Hitschler verantwortet die Bereiche Energievertrieb und -handel, Finanzen/Controlling/Bilanzen, Strategisches Marketing & Unternehmenskommunikation sowie das CIO-Office für die Unternehmensgruppe.

Werner Hitschler ist Diplom-Kaufmann. Nach dem Studium der Betriebswirtschaftslehre an der Universität Mannheim folgten ein zweijähriges Stipendium der Landesgraduiertenförderung Baden-Württemberg und eine Assistenztätigkeit an der Universität Mannheim. Während der Promotionszeit war er zudem Lehrbeauftragter der Fachhochschule Ludwigshafen sowie der heutigen Dualen Hochschule Baden-Württemberg.

Im Anschluss an die Promotion im Bereich Wirtschaftswissenschaften an der Universität Mannheim war er für die BASF AG, Ludwigshafen und BASF Corporation, New Jersey, USA in den Bereichen Financial Controlling, Mergers and Acquisitions, Logistik und Rechnungswesen tätig. Danach bekleidete Werner Hitschler verschiedene Führungspositionen im Deutsche Bahn Konzern in Berlin und Frankfurt, zuletzt als Bereichsleiter Controlling der DB Regio AG und als Aufsichtsratsmitglied in mehreren konzerneigenen Tochtergesellschaften. Bei der Heidelberger Druckmaschinen AG verantwortete er als Chief Financial Officer (CFO) und Direktor Finanzen im Market Center „Western Europe, Middle East and Africa“ und in der Geschäftsführung der Heidelberg France SAS in Paris die Bereiche Finanzen, Kundenfinanzierung sowie Planung und Controlling. Darüber hinaus war er Aufsichtsratsmitglied in konzerneigenen Tochtergesellschaften der Heidelberg-Gruppe.

Ehrenamtlich ist Werner Hitschler Vorsitzender des Vorstandes des Arbeitgeberverbands Energie Südwest e. V. (AGV ESW, Hannover), Mitglied des Vorstandes der Vereinigung der Arbeitgeberverbände energie- und versorgungswirtschaftlicher Unternehmungen (VAEU, Hannover), Mitglied des Vorstandes der Landesvereinigung Unternehmerverbände Rheinland-Pfalz (LVU, Mainz), Mitglied des Vorstandes des Bundesverbandes der Energie- und Wasserwirtschaft e. V. (BDEW, Berlin), Mitglied des Vorstandes des Landesverbandes der Energie- und Wasserwirtschaft Hessen/Rheinland-Pfalz (LDEW, Mainz) sowie Mitglied des Kundenbeirates verschiedener Banken.

Kontakt:

Pfalzwerke AG
Kurfürstenstraße 29
67061 Ludwigshafen
Tel.: +49 (0) 621 585 2100
werner.hitschler@pfalzwerke.de

Marc Mundschau

Marc Mundschau leitet seit 1. August 2017 als alleiniger Vorstand die Pfalzwerke Netz AG. Er verantwortet die Netzbereiche Kaufmännische Services, Netzmanagement, Netzbau, Netzservice, Strategischer Einkauf, Beschwerdemanagement und Regulierungsrecht.

Nach der Lehre zum Energieelektroniker Betriebstechnik bei der BASF AG absolvierte er ein Studium zum Diplom-Ingenieur (FH Karlsruhe) für Elektrische Energietechnik und ein Studium zum Diplom-Wirtschaftsingenieur (FH Ludwigshafen). Berufliche Stationen waren Tätigkeiten als Projektingenieur bei der IDS GmbH und dann im Vertrieb der Deutsche Bahn Energie GmbH.

Marc Mundschau übernahm im Jahr 2006 die Aufgabe als Vertriebscontroller der Pfalzwerke AG. 2011 wurde er zum kaufmännischen Leiter und Prokuristen der damaligen Pfalzwerke Netzgesellschaft mbH ernannt. Seit November 2012 verantwortete er in der Pfalzwerke Netz AG als Prokurist und Leiter die Abteilung Kaufmännische Services und damit die wirtschaftliche Gesamtsteuerung der Gesellschaft.

Kontakt:

Pfalzwerke Netz AG
Kurfürstenstraße 29
67061 Ludwigshafen
Tel.: +49 (0) 621 585 2300
marc.mundschau@pfalzwerke-netz.de

Bibliografie

Es gibt eine Fülle guter Bücher zu den Themen Agilität, Veränderung, Management, Führung oder Werte. Wir führen hier einfach einige Bücher auf, die uns positiv beeindruckt und auch beeinflusst haben. Und natürlich die Titel, die eine Hilfe für die Arbeit an unserem Buch waren.

Bahlow, J.; Kullmann, G.: *Agile Teams. Neue Herausforderungen fokussiert meistern.* Göttingen 2018

Doleski, O. D. (Hrsg.): *Realisierung Utility 4.0. - Praxis der digitalen Energiewirtschaft vom Vertrieb bis zu innovativen Energy Services.* Bd. 1. Wiesbaden: 2019

Doppler, K.; Lauterburg, C.: *Change Management.* Frankfurt am Main 1994

Dörner, D. et al.: *Lohhausen. Vom Umgang mit Unbestimmtheit und Komplexität.* München 1994

Dörner, D.: *Die Logik des Misslingens.* Hamburg 2003

Frey, D. (Hrsg.): *Psychologie der Werte. Von Achtsamkeit bis Zivilcourage.* Heidelberg 2016

Gassmann, O.; Frankenberger, K.; Czik, M.: *Geschäftsmodelle entwickeln. 55 innovative Konzepte mit dem St. Galler Business Model Navigator.* München 2013

Gassmann, O.; Granig, P.: *Innovationsmanagement. 12 Erfolgsstrategien für KMU.* München 2013

Gassmann, O.; Sutter, P. (Hrsg.): *Digitale Transformation im Unternehmen gestalten.* München 2016

Häusling, A. (Hrsg.): *Agile Organisationen.* Freiburg im Breisgau 2018

Kanter, R. M.: *Challenge of Organizational Change. How Companies Experience it and Leaders Guide it.* New York 2003

Kotter, J.: Buy-In. *Saving Your Good Idea From Getting Shot Down.* New York 2010

Kriz, W. C., Hansen, H., Schmidt, H.: *SysTeamsChange®*, Version 2.20. Riva Training & Consulting, Aschheim bei München (2014)

Lewrick, M.; Link, P.; Leifer, L.: *Das Design Thinking Playbook.* München 2017

Malik, F.: *Führen Leisten Leben. Wirksames Management für eine neue Welt.* Frankfurt am Main 2014

Malik, F.: *Management. Das A und O des Handwerks.* Frankfurt am Main 2007

Malik, F.: *Strategie des Managements komplexer Systeme.* Bern 2008

Medinilla, A.: *Agile Management. Leadership in an Agile Environment.* Berlin 2012

Osterwalder, A.; Pigneur, Y.: *Business Model Generation. A Handbook for Visionaries, Game Changers, and Challengers.* New Jersey 2010

Probst, G. J. B.; Büchel, B. S. T.: *Organisationales Lernen.* Wiesbaden 1994

Purps-Pardigol, S.; Kehren, H.: *Digitalisierung mit Hirn.* Frankfurt am Main 2018

Schwuchow, K.; Gutmann, J. (Hrsg.): *HR-Trends 2019.* Freiburg im Breisgau 2018

Senge, P. M.: *The Fifth Discipline.* New York 2006

Sprenger, R. K.: *Radikal führen*. Frankfurt am Main 2012

Taleb, N. N.: *Der Schwarze Schwan*. München 2008

Vester, F.: *Die Kunst vernetzt zu denken*. Stuttgart 1999

Vester, F.: *Unsere Welt - ein vernetztes System*. München 1983

Index

W

Z